海洋无人自主观测装备发展与应用
（平台篇）

范开国　徐伯健　南明星
张学宏　王亚锋　侯海平　等 编著

海洋出版社

2021年·北京

图书在版编目（CIP）数据

海洋无人自主观测装备发展与应用. 平台篇/范开国等编著. —北京：海洋出版社，2021.3
ISBN 978-7-5210-0709-1

Ⅰ.①海… Ⅱ.①范… Ⅲ.①海洋监测-观测设备-研究 Ⅳ.①P715

中国版本图书馆 CIP 数据核字（2021）第 005519 号

责任编辑：赵　娟
责任印制：安　淼

海洋出版社　出版发行

http：//www.oceanpress.com.cn
北京市海淀区大慧寺路 8 号　邮编：100081
廊坊一二〇六印刷厂印刷　新华书店发行所经销
2021 年 3 月第 1 版　2021 年 5 月北京第 1 次印刷
开本：787mm×1092mm　1/16　印张：13.25
字数：250 千字　定价：168.00 元
发行部：62100090　邮购部：92100072　总编室：62100034
海洋版图书印、装错误可随时退换

《海洋无人自主观测装备发展与应用（平台篇）》编著者名单

主要编著者： 范开国　徐伯健　南明星　张学宏

王亚锋　侯海平　张晓萍　张坤鹏

方　芳

参与编著者： （按姓氏拼音排序）

董星佐　冯　涛　郭　飞　韩丙寅

何　琦　黄建国　李　婧　李岳阳

石新刚　宋　帅　王鸿斌　徐东洋

鱼　蒙　邹晓亮

前　言

　　21 世纪是海洋的世纪，而海洋问题历来是国家的战略问题。维护海洋安全、控制海上交通线、争夺海洋资源和海洋权益争端等问题已经日趋复杂化，并呈现多元化发展。因此，在全球一体化的发展过程中，海洋作为综合发展的空间，其战略地位愈显重要。

　　海洋科学是以实践作为第一性的科学，海洋观探测是人类认识海洋的第一步，也是通向海洋科学殿堂的必由之路。海洋观探测是海洋科学理论发展的源泉，也是检验其真伪的标准。一直以来，与海洋相关的几乎所有重大进展都与观探测密切相关，海洋科技发展依赖于观测手段的不断完善，对海洋科学而言，观探测资料的不足，特别是大范围、准同步、深层次资料的空缺，一直是制约其发展的瓶颈。科学定量化认识远海深海，必须借助多种水下观测平台获取完备的海洋观测数据作为支撑。

　　随着世界各国海洋事业的迅猛发展，大规模的海洋综合观探测工作已全面深入开展，传统海洋观探测不能常态化和全球化，促使海洋调查方法和装备技术需求快速增长，国内外各种高、精、尖观探测装备跟随技术的潮流更新换代、层出不穷。海洋无人自主观测装备作为海洋观探测一种不可替代的高科技先进技术和新兴装备，是海洋观探测装备摇篮中新生命、新领域的开拓者，海洋国门的守卫者，受到世界各海洋强国的广泛重视。提高海洋移动观测能力是未来构建立体、连续、实时的水下观测网络的重要技术手段。

　　海洋无人自主观测装备的发展和使用，将会深刻影响未来海洋观探测的方式，了解和深刻体会海洋无人自主观测平台与载荷的国内外发展现状与趋势、主要分类、主流产品、主要应用领域和应用

1

局限性等，对海洋无人自主观测装备的发展、利用和海洋环境观探测具有重要的意义。

目前，海洋无人自主观测相关装备琳琅满目，其用途、型号、功能和规格各异，这些设备功能复杂、技术含量高，每一种装备都有它特定的应用空间和功能定位。《海洋无人自主观测装备发展与应用》丛书从平台和载荷两个方面出发，对其进行全面系统地整理和分类，基于平台和载荷两个方面明确各种海洋无人自主观测装备的功能和优劣，同时对相同或相近不同型号的主流产品进行性能介绍、技术指标对比，应用分析和综合评述等，这不仅能有助于海洋科研工作者在海洋观探测及其各项实际海洋观探测中的工作开展，达到事半功倍的效果，也有利于为海洋科研工作者和相关专业研究生、本科生等全面系统了解海洋无人自主观测装备提供参考资料。

在本书资料收集整理、编写校对出版过程中，得到中国船舶重工集团第七一四研究所、中国船舶重工集团第七一〇研究所、中国船舶重工集团第七〇二研究所、中国科学院沈阳自动化研究所、国家海洋技术中心、天津大学、中国海洋大学、哈尔滨工程大学、青岛海洋科学与技术国家试点实验室、北京蔚海明祥科技有限公司、劳雷（北京）仪器有限公司、中科探海（苏州）海洋科技有限责任公司等单位领导和专家的支持与指导，以及国内外众多海洋装备公司的协助和配合，在此一并致谢。

科技发展日新月异，在本书编写过程中，又有海上无人帆船、轻型 AUV 和 MINI 型水下滑翔机等不计其数的新技术、新装备不断涌现，加之作者水平和时间有限，难免会在本书整理过程中出现错误和疏漏，欢迎读者批评指正。

作　者

2020 年 8 月 8 日于北京

目　录

第一章　概述

海洋对于人类来说一直都是神秘而又令人向往的，从数百年前的航海家哥伦布到现代的海洋科研工作者，人类对海洋的探索从未停止过。从沿岸到大洋，从浅海到深海，人类对海洋不断探测、认知和拓展。海洋强大又富饶的一面逐渐展现在我们面前。

实施海洋强国战略和开发海洋、利用海洋，使得人们越来越重视海洋技术的发展。海洋作为综合发展的空间，其战略地位愈显重要，正如两千多年前古罗马著名哲学家西塞罗说"谁控制了海洋，谁就控制了世界"。纵观世界历史，世界强国的崛起无不伴随着海洋科学技术的大发展。

在地理大发现时代，航海家们开始使用罗盘、六分仪、旋桨式风速风向仪、旋桨式海流计等原始设备，观测海洋并获取风、浪、流等数据，支持海洋探险和航海开拓。到19世纪，海洋学家们带着研发或改进的回声测深仪、颠倒温度计、Ekman海流计，借助海洋调查船开始认识海洋、研究海洋，海洋科学逐渐发展成了一门自然学科。"二战"结束后，随着工业经济的快速发展，海洋科学技术也迎来了高速发展期，遥控无人潜水器（ROV）、自主水下潜航器（AUV）、漂流浮标等早期海洋无人观测平台获得发展，海洋观探测开始逐步走入无人观探测时代。

进入21世纪后，海洋无人自主观测装备关键技术的逐步突破和不断发展，引领着海洋无人自主观测装备不断向前发展，各国积极探索海洋无人观测技术的应用。波浪滑翔机（Wave Glider）、自主遥控潜水器（ARV）、自沉浮式剖面浮标（Argo）等新型海洋无人观测平台和侧扫声呐、声学多普勒流速剖面仪（ADCP）、温盐深测量仪（CTD）等搭载载荷的大量涌现，促使海洋观测正大踏步地走向无人观探测时代。

第一节　海洋无人观测平台情况简介

海洋高新技术装备的发展，大大提高了人们对海洋的认知和开发能力，海洋观探测方式逐渐由依靠大量人力资源的"探索模式"向依赖数据信息自动采集的"观测模式"转变，以追求更长的监测时间和更广的覆盖空间，海洋无人观测平台在这种巨大的需求驱动下应运而生。

目前，海洋无人观测平台经过多年的发展已经初步形成了系列化规模，包括水上的水面无人艇（USV）、波浪滑翔机（Wave Gilder）、表面漂流浮标，水下自沉浮式剖面浮标（Argo）、水下滑翔机（Gilder）、自主水下潜航器（AUV）、自主遥控潜水器（ARV）和遥控无人潜水器（ROV）等产品。其中，表面漂流浮标和水下的自沉浮式剖面浮标属于无动力设备，主要是随流漂移，进行拉格朗日方式的温盐深观探测；水下滑翔机主要依靠净浮力和姿态角调整获得推进力，能源消耗极小；波浪滑翔机转换波浪动能为自身前进动力，利用太阳能发电，可以实现外海大洋每年 1 万 km 的连续航行作业，而无须人工维护；水面无人艇、自主水下潜航器、自主遥控潜水器主要通过电池供电，具有一定的灵活机动性；遥控无人潜水器由母船直接供电，不受能源限制，主要应用于海洋工程作业。

第二节 海洋无人观测载荷情况简介

海洋无人观测平台因其不受时间和空间上的限制，降低了观探测的风险，为世界各海洋强国所关注，并成为发展的重点。但海洋无人观测平台因受载荷空间、功耗等制约，很多有人观测平台所使用的载荷设备不能直接移植使用，各国投入大量精力专门开展针对海洋无人观测平台的载荷研究，大批的海洋无人观测平台专用载荷应运而生。

目前，常见海洋无人观测载荷有声学多普勒流速剖面仪（ADCP）、温盐深测量仪（CTD）、多波束测深仪、侧扫声呐、合成孔径声呐（SAS）、浅地层剖面仪、海洋磁力仪等。其中，多波束测深仪、侧扫声呐、合成孔径声呐、浅地层剖面仪、海洋磁力仪等均有专门针对海洋无人观测平台研制的装备；而声学多普勒流速剖面仪目前尚未有针对海洋无人观测平台研制成功的产品，流速剖面的测量主要是通过海洋无人观测平台针对声学多普勒流速剖面仪设备进行专门设计而实现；温盐深测量仪因其体积小、功耗低、质量轻、技术复杂度低，是最为常见的海洋无人观测平台搭载载荷。

第三节 海洋无人观测平台与载荷关系

在谱系化海洋无人观测平台中，表面漂流浮标和水下自沉浮式剖面浮标主要是为拉格朗日环流观探测而设计，其他观测平台则需通过搭载载荷设备才可进行海洋观探测。海洋无人观测平台作为搭载载荷的母体，要为载荷提供搭载空间、供电，以及工作所需的辅助信息等，没有海洋无人观测平台，搭载载荷是无法独立工作的。同时，未搭载载荷的海洋无人观测平台无法完成任何海洋观探测任务。因此，海洋无人观测平台与载荷相互依赖，相辅相成，海洋无人观测平台通过搭载多任务载荷，完成海洋环境多参数的观探测工作。

第四节　海洋立体综合观探测简介

海洋立体综合观探测是利用多种技术手段，对海洋进行跨域、立体、综合观测监视，包括天上的海洋卫星，空中有人/无人飞机，岸上的海洋观测台站、地波雷达站，海面上的海洋调查船、浮标、水面无人艇，水下的自主水下潜航器、水下滑翔机、自沉浮式剖面浮标、潜标、海底观测网等，是"天-空-岸-海-潜"五位一体的观探测。其观探测平台立体化、测量方法多样化，呈现出部署静态化与机动化观探测装备组合、规模化、扩大化和多样化等特点，重视多元、多样、多时空尺度海洋环境数据的融合应用和面向用户的信息应用系统开发，是近年来世界各海洋强国建设的重点。

海洋立体综合观探测从 20 世纪 80 年代发展至今，已经建成了多个覆盖全球或部分海域的海洋观测、监测系统和研究计划。例如 1993 年，联合国教科文组织政府间海洋学委员会、世界气象组织、国际科学联合会理事会和联合国环境规划署发起并组织实施了全球海洋观测系统（GOOS）计划，现该系统是全球范围内的大尺度、长时间的海洋环境观测系统，已发展为 13 个区域性观测子系统，包括全球海平面观测、全球海洋漂流浮标观测、全球 Argo 浮标观测、国际海洋碳观测等多个专题观测计划，实现不同海洋要素的观探测。在 GOOS 等全球性或区域性海洋立体综合观探测计划引领下，目前国际海洋观测已进入多平台、多传感器集成的立体观探测时代，呈现出业务化观探测系统与科学观探测试验计划相结合、全球与区域相结合、"天-空-岸-海-潜"多手段相结合、国际合作数据贡献与共享相结合的特征。全球海洋立体综合观探测系统正在逐步建成，全球海洋观测能力稳步增强。

在国家各类科技资金支持下，我国的海洋立体观探测系统经过多年发展，已初步具备海洋立体观探测的雏形，形成了包括海洋卫星、有人/无人飞机、海洋观测台站网、地波雷达站网、国家海洋调查船队、浮标网、潜标网、海底观测网和由水面无人艇、自主水下潜航器、水下滑翔机、波浪滑翔机、自沉浮式剖面浮标等海洋无人自主观测装备组成的海洋机动观测系统等多手段的海洋观探测能力。海洋观探测手段趋于成熟，海洋观探测数据传输效率大幅度提高，海洋立体观探测体系更趋完善，其观探测海域已初步覆盖近岸近海和管辖海域，同时，大洋热点海域和深海、极地等观探测正在有序、有效开展。

第二章　水面无人艇

第一节　概述

水面无人艇（Unmanned Surface Vessel，USV）是一种无人操作，能够在海洋自然环境下自主航行，并完成各种任务的水面运动平台。USV 通过配备先进的控制系统、通信系统、传感器系统和武器系统，主要用于执行危险或者不适于有人船只执行的任务，包含多种类型的民用和军事任务。比如，侦察、搜索、探测和排雷；搜救、导航和水文地理勘察；反潜作战、反特种作战以及巡逻、打击海盗、反恐攻击等。

常见的 USV 应具有自动驾驶模块、信息处理及控制模块、通信传输模块、卫星定位模块、光电观测模块、雷达探测模块、声呐探测模块、气象海洋观探测模块等。因为 USV 自身体积和功耗的限制，上述模块设备需要低功耗、体积小、智能化程度高。此外，USV 主要特征是模块化、智能化、多功能化，其中多功能化主要是以任务可重构来实现的，在 USV 的基础配置前提下搭载不同的任务载荷模块，快速构建起不同的任务能力，比如遥控武器站、非致命性驱离武器、卫星通信模块等。

信息处理及控制模块是现代智能 USV 的大脑，它对整个 USV 的自身状态、外界感知以及任务执行都起到协调与控制的作用。随着人工智能技术的不断进步，USV 从逐步遥控式向智能化方向发展，并会基于目前所具备的自主导航能力、简单任务自主执行能力，逐步实现 USV 蜂群的协同自主执行任务能力。

第二节　国内外现状与发展趋势

国外开展 USV 研制的国家主要有美国、以色列、英国、法国、德国、日本等。其中，美国和以色列一直处于领先地位，欧洲部分国家正在迎头赶上。美国和以色列是国际上研究 USV 最为活跃的国家，有十多年的 USV 开发研制和使用经验，目前已经有多个艇型正式在海军服役。美国 2002 年开始发展的"斯巴达侦察兵"和以色列 2006 年装备的"保护者"是最为成功的第一代 USV，其电子系统和任务载荷具有显著的代表性。此外，英国、加拿大、法国、德国、意大利、瑞典、新加坡、白俄罗斯、日本等国家也开展了多年的 USV 研究，其艇载电子系统各具特色，但其任务载荷尚未形成清晰的发展思路，尚在探索研究过程中。随着无人化、智能化技术的不断进步，USV 任务领域将不断拓展，"发展自主决策能力、多艇编队智能协同"已成为未来 USV 发展的清晰目标。

近年来，我国 USV 发展较为迅速，在军事和民用需求牵引下，中国科学院、高校、科研机构、企事业单位和军方等积极参与研发，形成了从小型、中型至大型的 USV 谱系性产品体系。据不完全统计，国内参与 USV 研发的单位有 70～80 家，其中实力较强的约 20 家，共推出约 40 多种 USV 型号。目前，USV 在国内的环境监测、执法监视、污染监控、搜索救援等领域均有应用，军方也十分重视其军事价值，通过组织相关比赛和竞优，争取尽快定型列装。

第三节　主要分类

按照 USV 的艇长，可以将 USV 划分为微型、小型、中型、大型和超大型。其中，艇长小于 2 m 的为微型 USV，艇长介于 2～4 m 为小型 USV、介于 4～6 m 为中型 USV、介于 6～8 m 为大型 USV，艇长大于 8 m 的为超大型 USV。目前，大多数 USV 的尺寸相对集中，艇长 7 m 及以下的 USV 约占 USV 总数的 60%，7～11 m 的 USV 约占 25%，11 m 以上的 USV 仅占 15%。此外，复合动力推进方式的 USV 艇型较少，5 m 以下的 USV 主要以采用电动螺旋桨和电动泵喷的电动推进为主，5 m 以上的 USV 主要以采用柴油机喷泵和电动螺旋桨的喷水推进为主。

第四节　主流产品

美国始终站在 USV 技术发展的制高点，代表着这一领域的发展方向。目前，正在美军服役的 USV 型号主要有"海上猫头鹰""斯巴达侦察兵""X-2"号、"幽灵卫士""海狐"等。

"海上猫头鹰"USV 是美海军开发 USV 的首次尝试。该艇长 3 m，最大航速 45 kn，续航力为 10 h（22 km/h 航速）或 24 h（9 km/h 航速），吃水仅 18 cm，可在近岸非常浅的水域活动。该艇可携 200 kg 的有效载荷，包括前视和侧扫声呐、星光/日光/红外摄像机、激光测距仪等，可由长度 11 m 以上的舰船携载、投放和回收。根据任务模块重构，改进型的"海上猫头鹰"USV 可用作载舰侦察艇，为其他武器（如舰炮）标示海上或岛礁附近的目标，必要时还可为载舰兵力提供保护，甚至还拥有对水下无人潜航器实施控制的能力。1997 年，"海上猫头鹰" USV 曾参加了"河流穿插引动演习 98"，2002 年参加了 Juliet 舰队作战试验。

"斯巴达侦察兵" USV 是美国研制 USV 的典型代表，它是"美国先期技术概念演示项目"之一。该艇主要针对美国海军的需求，由美国海军水下作战中心、诺斯罗普·格鲁曼公司、雷声公司以及洛克希德·马丁公司联合研制。目前，该艇有两种型号，分别长 7 m、11 m，各自可携带 1 360 kg、2 360 kg 的有效负载，具有遥控和自主运行两种模式，具备半自主能力，能够根据不同的任务需求更换任务模块。海军陆战队可用它执行远征后勤和再补给等任务，特种部队认为该艇可用于执行水文调查或其他侦察和欺骗任务，陆军认为该艇可以配备"地狱火"导弹等武器执行精确目标打击任务，协助陆军在内陆湖泊地带作战。2003 年 8 月首次进行海试，2005 年 4 月首次参加实弹射击试验，参加过"持久自由行动"和"伊拉克自由行动"，目前已被正式部署到"葛底斯堡"号巡洋舰上。

美国海军新型三体无人快艇"X-2"号 USV，长约 15 m，宽约 12 m，能以 28~55 kn（52~100 km/h）的航速在 8 级海浪中自主巡航。能够配备雷达、声呐、摄像头、导航系统和防撞系统，还安装有先进的网络通信系统和情报侦察监视系统。控制人员通过无线电和全球定位系统，可以在数百千米外通过控制平台下达指令，从指令发送到 USV 执行动作只需 18 s，定位控制精度可达 3 m 以内。

美国"幽灵卫士" USV 最大功率为 266 Hp（196 kW），可按预定程序自动行驶，并可随时更改航路，主要用于海上警戒和防护、运送货物（150 kg）、收集情报和海上监测等。2003 年 9 月首次海试。

"海狐" USV 由美国西风海事公司研发，目前在美国海军中服役的主要有"海狐" MK1 和"海狐" MK2 两型，其可搭载雷达、声呐、摄像机、目标跟踪与防抖软件系统、数字变焦红外照相机、数字变焦日光彩色照相机、导航照相机、4 个波段（军民各 2 个）的增强型通信系统。美国海军主要利用该艇进行江河地区的作战评估以及远征部队的安全保障等。2006 年首次海试。

以色列也开发研制了多种型号的 USV。例如，拉斐尔先进防御系统公司和航空防御系统公司联合开发的"保护者"、埃尔比特系统公司开发的"银色马林鱼"和"黄貂鱼"、航空防御系统公司开发的"海星"等 USV。其中，"保护者" USV 首批 12 艘已于 2006 年服役。

"保护者" USV 以 9 m 长的刚性充气艇为基础，喷水推进，航速超过 30 kn（56 km/h），最高 40 kn（74 km/h），最大有效载荷 1 000 kg。其载荷主要包括导航雷达和"托普拉伊特"光学系统，其中"托普拉伊特"光学系统包括第三代前视红外摄像机、黑白彩色 CCD 摄像机、激光测距仪、先进关联跟踪器和激光指示器等。

"银色马林鱼" USV 长 10.7 m，重量为 4 000 kg，可携带 2 500 kg 的载荷，最大航速 45 kn（83 km/h），最大航程 500 海里（926 km），续航时间 24 h。分遥控和自主操作两种模式。其自主控制系统"自主舵手系统"设计用于底层控制，以保持最佳转向速度、最佳燃油消耗率等最佳性能。该艇使用巡航传感器及稳定系统进行精准航行和导航，以防止倾覆。此外，该艇具有自适应的特点，能针对环境或任务的变化自动调节控制系统。

"海星" USV 是一种硬壳充气式 USV，长 11 m，有效载荷 2 500 kg，最大航程 300 海里（556 km）。采用开放式体系结构，装有光电传感器、目标搜捕传感器、通信情报系统等，武器配置为一门带稳定装置的小口径舰炮，其水上操作可由陆基、海基甚至空基平台实施控制。主要用于监视、侦察、反水雷战和电子战等，据称"海星" USV 将是"保护者" USV 的强劲竞争对手。

"黄貂鱼" USV 在 2005 年土耳其国际防务展上首次公开亮相。该艇采用喷水推进，最大航速 40 kn（74 km/h），有效载荷 150 kg，续航力可达 8 h 以上，具有自主导航能力和定位能力，可由岸基平台或舰上控制台对其实施遥控，艇上装有多种探测传感设备（包括前视红外摄像机、电视摄像机、光电探测系统等），主要用于近岸情报侦察与监视、电子战和电子侦察等。

英国在研的 USV 主要包括"卫兵""哨兵""黑鱼"等。其中，"卫兵"最为典型，由康奈蒂克公司研制，采用先进的隐形设计和喷水推进技术，航速可达 50 kn（93 km/h）。

法国在研 USV 型号主要包括"检察员" MK1、"罗德尔""FDS-3"和"巴西尔"等。其中，"FDS-3"无人猎雷艇全长 8.3 m，重量为 6 700 kg，采用柴油动力推进，航速 12 kn（22 km/h），续航力 20 h，通过舰载天线实施遥控，利用全球定位系统，按预定航线自主航行。该艇曾参加过航道清扫、港口搜索等行动。

德国在研 USV 型号为"哨兵"和"近岸攻击"。其中，"哨兵" USV 采用模块化结构，全长 4.67 m，外形设计和艇体材料使之具有优良的隐形能力和抗沉性能，艇上装有声呐或雷达，另有光电传感器、化学传感器模块可供选用，目前已投入海试。

日本发展的 USV 型号主要有 UMV-H（高速型）、UMV-0（海洋型）和OT-

91 型。其中，OT - 91 型为最新研制型号，采用喷水推进，最高航速 40 kn（74 km/h），主要用于海上情报侦察和反水雷等。日本 Eco Marine Power 公司于2014 年 5 月对外发布了 Aquarius USV，该艇采用三体船结构，长 5 m，翼展 8 m，吃水 1 m，船体使用轻量级复合铝制材料，采用太阳能和电力混合动力，巡航时速最高 6 节（11 km/h），非常适合在浅水水域进行操作。

一、美国 Ocean Science 公司 1800 Z 型无人船

美国 Ocean Science 公司 1800 Z 型无人船为进行近海岸浅水水深测量和水文测量提供了便利。1800 Z 型无人船的回声探测器与 GPS 整合到一个无线调制解调器数据传输设备中，使得操作人员在岸边的笔记本电脑上就可以实时监控船的轨迹，轻松跟踪测线，并且还可以浏览收集到的声学数据（表 2-1，图 2-1）。

表 2-1　美国 Ocean Science 公司 1800 Z 型无人船主要技术指标

序号	指标项	指标参数
物理参数		
1	船体长度	180 cm
2	船体宽度	90 cm
3	重量	30 kg
4	载重	20 kg
5	船体材料	抗紫外线 ABS
6	发动机	一个有刷直流舷外挂机
7	常规速度	3~4 kn
8	最大速度	4 kn
9	电池续航	150 min
10	电池组	12VDC，30Ah
远程遥控参数		
11	导航远程控制单元	Hitec 带船遥测
12	遥控频率	2.4 GHz FHSS
13	遥控范围	1 500 m
14	数据遥测范围-蓝牙	600 m
15	数据遥测范围-900 MHz 水声通信	>2 000 m

图 2-1 美国 Ocean Science 公司 1800 Z 型无人船示意图

二、美国 Ocean Science 公司 1800MX Z 型无人船

美国 Ocean Science 公司 1800MX Z 型无人船使用了 BioSonics 的 MX 单波束回声探测器，为获取浅水、滩海和人们难以到达调查海域的有价值环境数据和拓展观探测范围提供了便利工具（表 2-2，图 2-2）。该无人船拥有长距离的 Ocean Science Hydrolink-N 无线设备，操作者在岸边笔记本电脑上不仅能实时观看清晰度达到 5 Hz 的超声波回声图和回声示波器数据，还可以获得清楚的导航位置信息。

表 2-2 美国 Ocean Science 公司 1800MX Z 型无人船主要技术指标

序号	指标项	指标参数
1	尺寸（长×宽）	180 cm×90 cm
2	重量	30 kg
3	供电	12~18 VDC 或 85~264 VAC
4	保险丝	1 Amp AC；1.5 Amp DC
5	发射功率	105 W
6	发射声级	213 dB re 1 uPa@1 m
7	脉冲时长	0.4 ms
8	Ping 率	5 Hz
9	距离分辨率	1.7 cm
10	工作水深	0.5~100 m

续表 2-2

序号	指标项	指标参数
11	DGPS 位置准确度	<3 m，95%
12	DGPS 速度准确度	0.1 kn RMS
13	DGPS 上传速度	1 s

图 2-2　美国 Ocean Science 公司 1800MX Z 型无人船示意图

三、美国 Ocean Science 公司 Q-Boat 1800 型无线遥控船

美国 Ocean Science 公司 Q-Boat 1800 型无线遥控船是一个搭载多普勒流速仪和深度传感器的专业三体船，也可定制 GPS 设备等其他传感器，主要用于水体流速、流量及深度测量（表 2-3，图 2-3）。该船体既坚固又轻便，还具有抗紫外线功能，强劲的驱动力和"V"形底部设计使得该三体船即使在激流中也能稳定航行。根据航行速度和海洋环境，该船电池续航能力 40~180 min，此外该船还使用了 Futaba 2.4 GHz 带故障诊断的发射台和大空间的防水电子舱，不仅操作方便，而且具备应急情况下的快速反馈机制。

表 2-3　美国 Ocean Science 公司 Q-Boat 1800 型无线遥控船主要技术指标

序号	指标项	指标参数
		物理参数
1	船体	具有抗紫外线功能，"V"形底部设计，不锈钢配件
2	尺寸（长×宽）	180 cm×89 cm
3	重量	23~25 kg

续表 2-3

序号	指标项	指标参数
物理参数		
4	载荷体积	500 cm×700 cm×170 cm
5	载荷	15 kg
6	操作时重量	40 kg
7	配置	两个无刷电机驱动
8	航行速度	一般 4 m/s，最高 5 m/s
9	续航时间	一般 40 min，低速航行可达 180 min
远程遥控参数		
10	射频频段	2.4 GHz
11	射频调制	FHSS 格式
12	通信距离	300 m
13	天线	全方位
14	RF 射频	900 MHz 或 2.4 GHz
15	WiFi	OysterPE 海洋数传模块

图 2-3　美国 Ocean Science 公司 Q-Boat 1800 型无线遥控船示意图

四、美国 Ocean Science 公司 Q-Boat Ⅰ 型无线遥控船

美国 Ocean Science 公司 Q-Boat Ⅰ 型无线遥控船是搭载多普勒流速仪的三体专业船，可依据客户要求配置不同的深度传感器及其他观探测载荷，能安全、简单地开展水体流速、流量等多剖面及深度测量，广泛应用在美国、加拿大的

水利、海洋机构（表2-4，图2-4）。该无线遥控船电子单元布置在甲板下的水密舱，其调制解调器、电池和天线都是即插即用。

表2-4　美国Ocean Science公司Q-Boat Ⅰ型无线遥控船主要技术指标

序号	指标项	指标参数
物理参数		
1	船体	船体和甲板整体灌塑而成，不锈钢配件
2	长度	213 cm
3	宽度	71 cm
4	高度	18 cm
5	重量	34 kg
6	载荷体积	500 cm×600 cm×170 cm
7	载荷	20 kg
8	配置	两个12 V电动马达
9	航行速度	1.65 m/s
10	续航时间	可达8 h
远程遥控参数		
11	Futaba 模块	2.4 GHz FHSS
12	Ocean Science 模块	2.4 GHz FHSS
13	RF 射频	900 MHz 或 2.4 GHz
14	WiFi	OysterPE 海洋数传模块

图2-4　美国Ocean Science公司Q-Boat Ⅰ型无线遥控船示意图

五、美国 Ocean Science 公司高速 Riverboat 水面无人艇

美国 Ocean Science 公司高速 Riverboat USV 先进的船体设计使其能够保持仪器位置的稳定性和保证数据收集的质量，在某些急流情况下都可以被高速 Riverboat 轻松应对，相比传统设计的三体船，该 USV 是一款一流的 ADCP 载体（表2-5，图2-5）。此外，高速 Riverboat USV 由高强度的抗紫外线 ABS 材料制成，足以完成各种棘手的测量任务。

表 2-5　美国 Ocean Science 公司高速 Riverboat 水面无人艇主要技术指标

序号	指标项	指标参数
1	中间船体长度	152.5 cm
2	总宽度	122 cm
3	船翼结构	船大，可折叠
4	重量	13.6 kg
5	Crossbar 材料	阳极化铝
6	船体材料	高强度抗紫外 ABS
7	常规水速	3~5 m/s
8	最大水速	6.09 m/s
9	回波测深传感器	外部挂载

图 2-5　美国 Ocean Science 公司高速 Riverboat 水面无人艇示意图

六、美国 DOE 公司 H-1750 水面无人艇

美国 DOE 公司 H-1750 USV 是一款专门为在各种环境下开展无人安全测量而设计的远程遥控电子水面艇，该艇可轻易接入第三方部件（表 2-6，图 2-6）。该 USV 主要应用于水质测量、海洋测探、港口安全和高清录像监视，轻便便携，可由两人轻易部署，其架构可适用于卡车和运动型汽车的基座，便于运输。

表 2-6 美国 DOE 公司 H-1750 水面无人艇主要技术指标

序号	指标项	指标参数
物理参数		
1	长度	1 750 mm
2	宽度	1 000 mm
3	底盘	抗蚀铝合金，不锈钢硬件，泡沫填充
4	有效负载	20 kg
5	最大速度	5 m/s
6	电池续航时间（最大速度下）	1 h
7	勘测速度	1~2 m/s
8	电池续航时间（勘测速度下）	4 h
远程遥控参数		
9	天线	全方位远端天线
10	远端频率	2.4 GHz
11	无线遥控距离	2 km

图 2-6 美国 DOE 公司 H-1750 水面无人艇示意图

七、美国 DOE 公司 I-1650 水面无人艇

美国 DOE 公司 I-1650 USV 同样是一款专门为在各种环境下开展无人安全测量而设计远程遥控电子水面船,任务载荷由 GPS 和测深声呐等系列部件组成,主要应用于水质测量、海洋测探、港口安全、河流调查和浅水调查等(表 2-7,图 2-7)。其外壳由铝和纤维增强塑料制成,轻便坚固,可由两人轻易部署,架构可适用卡车和运动型汽车的基座,便于运输。

表 2-7 美国 DOE 公司 I-1650 水面无人艇主要技术指标

序号	指标项	指标参数
1	长度	1 650 mm
2	宽度	695 mm
3	底盘	抗蚀铝合金,不锈钢硬件,泡沫填充
4	有效负重	20 kg
5	最大速度	5 m/s
6	勘测速度	2~3 m/s
7	电源续航	锂电池(约 4 h)
8	电池续航时间(最大速度下)	1 h
9	电池续航时间(勘测速度下)	4 h
10	天线	全方位远端天线
11	无线遥控距离	2 km
12	远端频率	2.4 GHz
13	仪表电源	镍氢电池
14	仪表尺寸	直径 50~228 mm

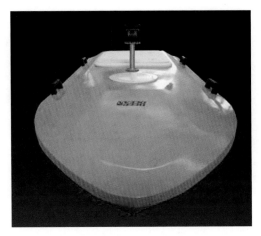

图 2-7 美国 DOE 公司 I-1650 水面无人艇示意图

八、法国 ACSA 公司 BASIL 水面无人艇

法国 ACSA 公司 BASIL USV 是一款抗干扰能力很强的无线电遥控橡胶充气艇（RIB），该艇最初为布放直布罗陀海峡的系泊浮标设计，可以携带各种载荷（表 2-8，图 2-8）。该 USV 操作界面有一个用户友好的电子海图记录显示和运载器远程遥控的特定屏幕，可同时控制几个 USV。

表 2-8 法国 ACSA 公司 BASIL 水面无人艇主要技术指标

序号	指标项	指标参数
1	尺寸（长×宽×高）	3.4 m×1.5 m×1.2 m
2	重量	380 kg
3	载重	附加 170 kg
4	自主工作时间	8 h
5	最大速度	3 kn
6	无线通信范围	6 km（15 km 可选）

图 2-8　法国 ACSA 公司 BASIL 水面无人艇示意图

九、法国 Eca Hytec 公司 Inspector MK Ⅱ 水面无人艇

法国 Eca Hytec 公司 Inspector MK Ⅱ USV 主要用于沿岸和近海浅水海域水文和海洋地理的调查和监测，及其港口和近海设备的调查、维护以及目标检测和分类（表 2-9，图 2-9）。该 USV 的主要特点是带有可配置多波束测深仪、浅地层剖面仪、侧扫声呐、磁探仪等多传感器的载体，可实现海底泥沙分析、海洋水文探测、磁映射等任务，具有导航定位精度高、海上耐久性强、操作高效、可靠性强、确保船员安全等特点。

表 2-9　法国 Eca Hytec 公司 Inspector MK Ⅱ 水面无人艇主要技术指标

序号	指标项	指标参数
1	尺寸（长×宽）	8.40 m×2.95 m
2	重量	高达 4 700 kg（包括 1 000 kg 有效载荷）
3	外壳	铝制
4	认证	IACS（BV 2000）
5	旋转臂	安装有 MBES/SSS/ADCP/IMU/SVP
6	动力	2 HP
7	速度	0~25 kn
8	持续工作时间	20 h（6 kn）
9	海况	4 级，5 级可选

图 2-9　法国 Eca Hytec 公司 Inspector MKⅡ水面无人艇示意图

十、德国 Evologics 公司 Sonobot 水面无人艇

德国 Evologics 公司 Sonobot USV 应水文测量和港口、岛屿应用而生（表 2-10，图 2-10）。该艇坚固耐用，传感器性能优良，利用最小的运输、释放和恢复成本完成了精确的地理参考、水文测量以及高质量图片采集，提供了轻便的调查途径，使用广泛。

表 2-10　德国 Evologics 公司 Sonobot 水面无人艇主要技术指标

序号	指标项	指标参数
1	尺寸（长×宽×高）	1 320 mm×920 mm×450 mm
2	重量	30 kg
3	动力	2 个 43 mm 引擎，每个 700 W，最小推力 100 N 2 个无刷发动机 2×4 锂离子蓄电池 14.8 V/10 Ah
4	工作速度	4 km/h，最大 13 km/h 可选
5	持续工作时间	10 h
6	风速/波高限制	3.4~5.4 m/s /0.5 m
7	回声探测仪	S2C 宽带单波束，80~120 kHz 最小探测深度 0.5 m，最大探测深度 60 m，准确度 6 mm
8	侧扫声呐	工作频率 670 kHz，分辨率 2 cm
9	数据采集	手提 PC，4 GB RAM，2.5″SSD128 GB
10	自动驾驶仪	灵活的路径规划，实时航海控制 DGPS

续表 2-10

序号	指标项	指标参数
11	DGPS	Java DGPS L1/L2/L2C/L5，Galileo E1/E5A，Glonass L1/L2，SBAS 准确度：±4 cm（水平），±2 cm（垂直）
12	无线模块	IEEE 802.11
13	无线网范围	2 km
14	工作距离	40 km

图 2-10　德国 Evologics 公司 Sonobot 水面无人艇示意图

十一、珠海云洲智能科技公司 ESM30 水面无人艇

珠海云洲智能科技公司 ESM30 USV 在突发环境事件处置时，可深入污染禁区，按规定的路线、坐标、采样量，实现多采样点全自动化作业（表 2-11，图 2-11）。此外，搭载在线监测设备后，还能实现连续多监测点的在线水质检测，同时将检测数据实时传输、显示和存储。

表 2-11　珠海云洲智能科技公司 ESM30 水面无人艇主要技术指标

序号	指标项	指标参数
1	尺寸	1 150 mm×750 mm×430 mm
2	重量	26 kg
3	设备空间	500 mm×400 mm×250 mm
4	负载	15 kg
5	材料	高强度纤维增强型玻璃钢
6	颜色	黄黑或定制
7	最大航行速度	2 m/s

续表 2-11

序号	指标项	指标参数
8	续航	6 h（2 m/s）
9	最大航程	40 km
10	最大作业半径	20 km
11	导航模式	自动/手动

图 2-11　珠海云洲智能科技公司 ESM30 水面无人艇示意图

十二、珠海云洲智能科技公司 ME70 水面无人艇

珠海云洲智能科技公司 ME70 USV 将先进的智能导航水面机器人技术与测量监测技术相结合，具有自主规划航线（自主导航）、数据远间隔传输、抗高海况等特点，可应用于水深测量、航道测量、核辐射测量、水文地貌测绘、水下地质勘探等领域（表 2-12，图 2-12）。

表 2-12　珠海云洲智能科技公司 ME70 水面无人艇主要技术指标

序号	指标项	指标参数
1	尺寸	1 470 mm×900 mm×600 mm
2	重量	58 kg

续表 2-12

序号	指标项	指标参数
3	设备空间	800 mm×580 mm×250 mm
4	负载	40 kg
5	材料	高强度纤维增强型玻璃钢
6	颜色	蓝白或定制
7	最大航行速度	2 m/s
8	续航	10 h（2 m/s）
9	最大航程	70 km
10	最大作业半径	35 km
11	导航模式	自动/手动

图 2-12　珠海云洲智能科技公司 ME70 水面无人艇示意图

十三、中船重工第七〇七研究所多用途水面无人艇

中船重工第七〇七研究所多用途 USV 采用高频波段变频遥控，泵喷推进，持续工作时间长，搭载智能化数字信息系统，具有数字化模拟分析航道的能力，可实现自动航线寻找，海洋资源调查等较艰苦和危险的任务（表 2-13，图 2-13）。

表 2-13　中船重工第七○七研究所多用途水面无人艇主要技术指标

序号	指标项	指标参数
1	动力形式	柴油驱动喷水动力
2	吃水深度	0.5 m
3	适应海况	5 级海况
4	最高航速	40 kn
5	续航力	200 n mile
6	通信距离	30~60 km
7	控制模式	手动/遥控/自动

图 2-13　中船重工第七○七研究所多用途水面无人艇示意图

十四、中船重工第七一○研究所 CU-11 多用途水面无人艇

中船重工第七一○研究所 CU-11 多用途 USV 由实现自主航行的机动式主控端和艇上搭载不同设备组成，可对目标水域执行气象、水文监测任务以及侦察、跟踪、识别、图像回传等多种任务，也可对可疑目标进行警告、拦截或处置等，具有无人化、多功能、多用途等特点。同时，该艇通过采用双柴油机驱动双喷水推进装置，实现按设定作业计划航迹自主航行或遥控航行（表 2-14，图 2-14）。该艇体积较小，可通过集装箱实现快速陆上运输或通过搭载大型舰船实现远洋航渡，可快速出现在危险水域、热点争夺海域、海盗或恐怖分子经常出没

的咽喉要道、高价值目标附近的水域。

表2-14　中船重工第七一〇研究所CU-11多用途水面无人艇主要技术指标

序号	指标项	指标参数
1	艇长	11.3 m
2	型宽	3.3 m
3	正常排水量	8.9 t
4	最大任务载荷	1.3 t
5	最高航速	35 kn
6	适应最高海况	4级
7	续航力	200 km
8	测控距离可达	10 km

图2-14　中船重工第七一〇研究所CU-11多用途水面无人艇示意图

十五、中国科学院沈阳自动化研究所"先驱"号水面无人艇

中国科学院沈阳自动化研究所"先驱"号USV具有自主导航控制、水面实时避碰、目标探测、动力与推进等先进技术能力，已经开展过海事日常巡检、风电场管线检测等示范演示（表2-15，图2-15）。

表2-15　中国科学院沈阳自动化研究所"先驱"号水面无人艇主要技术指标

序号	指标项	指标参数
1	主尺度	6.6 m×2.5 m
2	吃水深度	0.57 m
3	排水量	3 t

续表 2-15

序号	指标项	指标参数
4	最大航速	30 kn
5	续航力	40 h（15 kn）
6	应用领域	大气与海洋调查、水面/水下目标跟踪、水下地形勘察等

图 2-15　中国科学院沈阳自动化研究所"先驱"号水面无人艇示意图

十六、上海大学精海系列水面无人艇

上海大学精海系列 USV 产品技术成熟，具有半自主、全自主完成作业使命的开放式平台系统，可方便有效地搭载与整合侦察、测量等各种任务载荷，可在岛礁、浅滩等常规测量船舶无法深入或高危险性水域按照规划航线进行自主航行（可智能躲避障碍物）并开展作业（图 2-16）。其中，"精海 1 号" USV 搭载了侧扫声呐、ADCP、高精度光纤罗经、激光测距系统、影像监管系统、避碰雷达以及高精度 GPS 及北斗系统等多种高精度测量设备，可面向不同客户提供高效便捷的应用解决方案（表 2-16）。

目前，精海系列 USV 已进行了 8 个系列研制，成功在南极、南海、东海等复杂海域开展测量。精海系列 USV 是首艘装备于中国极地研究中心"雪龙"号科考船，探测南极罗斯海的无人艇；是首艘装备于中国海事局海巡船，探测南海岛礁海域的无人艇；是首艘装备于国家海洋局海监船，探测东海岛礁海域的无人艇。

图 2-16　上海大学精海系列水面无人艇示意图

表 2-16　上海大学精海系列水面无人艇主要技术指标

序号	指标项	指标参数
1	总长	6.28 m
2	吃水深度	0.43 m
3	续航力	130 n mile
4	巡航航速	10 kn
5	作业海况	4 级海况
6	搭载设备	GPS、雷达、北斗系统、惯导系统、姿态传感系统以及多波束测深系统、多波束前视声呐、三维侧扫声呐、多频测深仪四套声呐系统和一套水文监测系统

十七、哈尔滨工程大学"天行一号"水面无人艇

哈尔滨工程大学"天行一号"水面无人艇具有高航速条件下的高效自主危险规避能力，可对周围环境态势信息进行准确快速的认知，灵活应对复杂环境中的静态、动态目标，实现任务背景与环境态势综合分析（表 2-17，图 2-17）。

表 2-17　哈尔滨工程大学"天行一号"水面无人艇主要技术指标

序号	指标项	指标参数
1	主尺度	12.2 m
2	满载排水量	7.5 t
3	动力形式	油电混合动力系统
4	海况适应性	4 级海况
5	最高航速	53 kn
6	最大航程	1 100 n mile
7	应用领域	海洋水文气象信息监测、海底地形地貌扫描测绘、观测等

图 2-17　哈尔滨工程大学"天行一号"水面无人艇示意图

十八、西北工业大学破浪水面无人艇

西北工业大学破浪 USV 是在轻量化抗震基础上，组合无人机和水下机器人技术，实现空-海-水下三位一体的无人系统自主对接，具有协同通信、控制与导航、海洋环境信息自主感知探测能力（表 2-18，图 2-18）。

表 2-18　西北工业大学破浪水面无人艇主要技术指标

序号	指标项	指标参数
1	主尺度	5 m×2.5 m
2	满载排水量	500 kg
3	动力	锂电池

续表 2-18

序号	指标项	指标参数
4	最高航速	15 kn
5	适用海况	3 级海况
6	搭载设备	多旋翼无人机、AUV、ROV、多波束声呐、侧扫声呐、光电设备、雷达

图 2-18　西北工业大学破浪水面无人艇示意图

十九、北京海兰信数据科技股份有限公司水面无人艇

北京海兰信数据科技股份有限公司 USV 系统包括测绘单元系统、舰队管理系统、自组网通信系统、无人自主航行控制/测绘一体化软件系统和自动布放回收系统，可实现海洋地质调查（水深、地磁）、海洋环境调查（海流、温盐、水质）、海上目标监控（违法船只、敌方战舰）等业务（表 2-19，图 2-19）。目前，北京海兰信数据科技股份有限公司 USV 的标准配置主要包含以下三型：（1）NAHS 自组网测绘系统（5.5 m 船型）；（2）高速无人巡逻警戒系统（7.5 m 船型）；（3）复合动力快速无人海洋环境监测系统（10.3 m 船型）。

表 2-19　北京海兰信数据科技股份有限公司 10.3 m 船型水面无人艇主要技术指标

序号	指标项	指标参数
1	主尺度	10.3 m×2.8 m×1.15 m

续表 2-19

序号	指标项	指标参数
2	满载排水量	4 000 kg
3	动力	双柴油机、双电动推进装置复合动力
4	最高航速	55 kn
5	续航力	100 h
6	适用海况	3 级海况
7	搭载设备	ADCP、多波束声呐、光电设备、雷达、高清图像存储及传输系统

图 2-19　北京海兰信数据科技股份有限公司 10.3 m 船型水面无人艇示意图

第五节　主要搭载设备

根据 USV 通常执行的水面和水下观探测任务不同，会配置不同的任务载荷。可搭载主要任务载荷包括微波探测设备、光学探测设备、声学探测设备、磁探测设备。例如：测波雷达、光电探测、自动气象站、CTD、ADCP、多波束测深仪、侧扫声呐、浅地层剖面仪、海洋磁力仪等海洋观测设备。

第六节　主要应用领域

USV 在军民领域均有广泛应用，是未来军民两用的核心装备之一。在军事领域，USV 可用于执行海战场环境调查、警戒巡逻、关键海域灭扫雷、海上反潜追踪、海上防护/拦截/打击等任务。在民用领域，USV 在海-气界面综合观测领域前景广阔，可用于执行浅水区海洋环境要素调查、极地冰区海洋环境调查、海上事故应急响应、海上污染区环境监测、海上重要人工构筑物安防巡逻等任务。

<h2 style="text-align:center">第七节　应用局限性</h2>

在实际应用过程中，受 USV 吨位和船型限制，可满足 USV 行业规范的技术要求是 4 级海况等级以内（含 4 级），且其布放回收过程直接影响着 USV 的操作难度和安全等级；针对高海况等级和水下障碍物情况复杂的海域，USV 尚无有效的感知与避障方案；由于大多数中、小型 USV 搭载的通信系统仅能保证 5 km 的可靠通信距离，制约了远距离的海上作业；此外，海上智能化协同作业还需要进一步研究完善。

<h2 style="text-align:center">第八节　应用评述</h2>

海洋观探测经常面对风高浪急、暗礁丛生等恶劣环境，传统的作业手段劳动强度高、安全风险大、作业效率低。与大型水面舰船相比，USV 体积小、重量轻、吃水浅，具备无人、高效等特点，非常适合在浅水区、污染区、极地等复杂海域环境中作业，有助于减轻强度、降低风险、提高效率和节约成本。未来，USV 在海洋立体观探测领域必将具有广阔的应用前景。

第三章 波浪滑翔机

第一节 概述

波浪滑翔机（Wave Glider）是近 10 年来研制的一种新型海洋无人自主航行器，它通过将波浪能转化为自身前进的推力，同时依靠甲板上搭载的太阳能电池板获得电能，储存于锂离子电池中，并使用 GPS、铱星和北斗系统进行导航定位、数据传输，从而具有超大续航力和极强生存能力，为海洋观探测提供了一种全新的解决方法。目前，波浪滑翔机已在海洋科学、海洋工程和军事领域得到广泛应用。

波浪滑翔机主要由水面浮体、水下滑翔体和起连接作用的缆索 3 部分构成，具有自主航行控制、远距离遥感控制、实时数据传输和使用方式灵活等特点。它不仅具有自主水下潜航器（AUV）依设定航线进行机动观探测的功能，还具有传统水面定点浮标进行气象要素观测和类水下滑翔机（Glider）进行无动力大范围观探测的功能。

第二节 国内外现状与发展趋势

波浪滑翔机研制始于 2005 年，主要用于监听和记录鲸鱼的声音。2007 年，专注于波浪滑翔机的设计、生产和推广的美国液体机器人公司（Liquid Robotics）成立，并于同年首次成功进行了在飓风恶劣海洋条件下开展环境观探测的尝试，而且还精确获取了飓风 Flossie 的相关数据。2011 年 11 月，4 个"Wave Glider"开始执行横渡太平洋的航测任务。2012 年 12 月，液体机器人公司宣布 1 年前从旧金山出发的 4 个波浪滑翔机圆满完成行程长达 9 000 n mile 的横渡太平洋航行航测任务，创下了机器人自主行驶路线最长的新世界纪录。此外，石油巨头 BP 公司于 2013 年购买了一批波浪滑翔机，用于监测在"墨西哥湾漏油"事件后钻井设备周围海洋植物的复苏状况。

波浪滑翔机在军事应用领域也有大量的应用探索。2010 年，美海军研究局在夏威夷和加利福尼亚海岸，检验了波浪滑翔机在不同海洋环境下对命令的执行能力。2010—2012年期间，美海军斯坦尼斯空间中心验证了波浪滑翔机的远航和数据收集能力。2013年，北约海事研究和试验中心在"2013骄傲曼塔"军事演习中，通过测试波浪滑翔机在海洋环境中自主侦察、数据收集和情报获取能力，评估了波浪滑翔机作为反潜平台的可行性。目前，美国海军、澳大利亚海军、挪威海军以及部分北约海军已列装波浪滑翔机。

目前，在青岛海舟科技有限公司、中国海洋大学、中船重工第七一〇研究所、天津工业大学、国家海洋技术中心、中国电子科技集团公司第三十六研究所、中国科学院沈阳自动化研究所、哈尔滨工程大学、上海交通大学等科研单位努力下，我国波浪滑翔机的研制已取得突破性进展，一大批工程样机成功研制，并有"黑珍珠""海哨兵""海鳐""蓝精灵"等型号的波浪滑翔机实现商业化生产。

第三节　主要分类

波浪滑翔机为近10年发展起来的一类新型的利用海洋环境动力的水面无人自主观测装备，目前尚未有明确的分类方式。

第四节　主流产品

一、美国液体机器人公司SV系列波浪滑翔机

美国液体机器人公司研发的SV系列波浪滑翔机平台包括GPS导航仪、铱星通信器、指令/控制电脑、可拆卸的AIS接收器；可选载荷包含船头和船尾有效载荷舱、载荷干燥盒、模块化的机械、电气和软件界面等（表3-1，图3-1）。SV系列波浪滑翔机可连续航行4万多海里，长期工作1 900多天，在6级海况情况下仍能以1~1.5 kn的速度航行，最高可应对8级海况。目前，SV系列波浪滑翔机包括SV2和SV3两个型号，其中SV2是世界上首款产品化的波浪滑翔机平台；SV3是SV2的改进型号，自带电力辅助推进器，航速有所提升，能更好地适应恶劣海况和高水流速环境，具有更大的负载能力和实时数据采集处理能力。

表 3-1　美国液体机器人公司 SV 系列波浪滑翔机主要技术指标

序号	指标项	指标参数	
		SV2	SV3
1	上浮体	长 210 cm，宽 60 cm	长 210 cm，宽 60 cm
2	滑翔体	长 191 cm，宽 40 cm	长 190 cm，宽 21 cm
3	水翼	翼展 107 cm	翼展 143 cm
4	系索	6 m	4 m
5	重量	90 kg	122 kg
6	航速	SS1：0.5 kn；SS4：1.4 kn	SS1：1 kn；SS4：1.7 kn
7	位置保持能力	半径 40 m（SS3，海流速度<0.5 kn）	半径 40 m（SS3，海流速度<0.5 kn）
8	电池	665 Wh 锂电池 112 W 太阳能电池板	980 Wh 锂电池 170 W 太阳能电池板
9	负载能力	最大重量 18 kg，最大体积 40 L，最大负载功率 40 W	最大重量 45 kg，最大体积 93 L，最大负载功率 400 W
10	导航	GPS	GPS
11	通信	铱星通信	铱星通信/高速无线局域网

图 3-1　美国液体机器人公司 SV 系列波浪滑翔机示意图

二、青岛海舟科技有限公司黑珍珠波浪滑翔机

青岛海舟科技有限公司拥有波浪滑翔机的波浪动力转换、导航控制设计、集成拓展应用、远程岸基监控等关键核心技术群，其黑珍珠波浪滑翔机利用海

洋波浪和太阳能源实现长时序、大尺度的海水表层温度、盐度、流场以及海气界面风、温、湿、气压等环境参数的连续走航测量,具有北斗卫星通信、定点虚拟锚泊、路径自动跟踪的功能。研制有微型、小型、中型、大型、巨型以及特种型号,已经批量化生产 160 余套,应用于国内 20 多个海洋研究机构的十几种海洋观测任务(图 3-2,表 3-2 至表 3-4)。

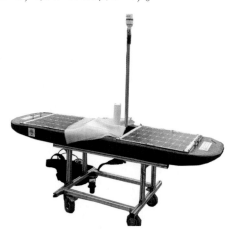

图 3-2 青岛海舟科技有限公司黑珍珠波浪滑翔机示意图

表 3-2 青岛海舟科技有限公司黑珍珠小型波浪滑翔机主要技术指标

序号	指标项	指标参数
1	平台重量	总重量≤80 kg,分体重量≤40 kg;
2	外形尺寸	母船≤1.7 m×0.5 m×0.2 m;牵引机≤1.7 m×1.0 m×0.5 m
3	续航能力	最大航行距离≥1×10⁴ km;连续工作时间≥1 a
4	运动速度	近海平均速度≥0.8 kn;远海平均速度≥1.0 kn
5	位置保持	全天位置保持误差≤100 m,半径概率≥50%(SS3,海流<1 kn)
6	路径导航	全天直线路径偏差≤100 m,概率≥80%(SS3,海流<1 kn)
7	海况等级	耐受台风≥12级,可生存最大浪高≥10 m
8	发电功率	峰值发电≥80 W,长期平均≥8 W
9	蓄电储备	连续无光工作时间≥7 d(标准配置)

表 3-3 青岛海舟科技有限公司黑珍珠中型波浪滑翔机主要技术指标

序号	指标项	指标参数
1	平台重量	总重量≤100 kg,分体重量≤50 kg

序号	指标项	指标参数
2	外形尺寸	母船≤2.0 m×0.6 m×0.3 m；牵引机≤2.0 m×1.2 m×0.6 m
3	续航能力	最大航行距离≥1×10⁴ km；连续工作时间≥1 a
4	运动速度	近海平均≥0.8 kn；远海平均≥1.0 kn
5	位置保持	全天位置保持误差≤100 m，半径概率≥50%（SS3，海流<1 kn）
6	路径导航	全天直线路径偏差≤100 m，概率≥80%（SS3，海流<1 kn）
7	海况等级	耐受台风≥12 级，可生存最大浪高≥10 m
8	发电功率	峰值发电≥120 W，长期平均≥12 W
9	蓄电储备	连续无光工作时间≥7 d（标准配置）

表 3-4　青岛海舟科技有限公司黑珍珠大型波浪滑翔机主要技术指标

序号	指标项	指标参数
1	平台重量	总重量≤120 kg，分体重量≤60 kg
2	外形尺寸	母船≤2.6 m×0.6 m×0.3 m；牵引机≤2.6 m×1.2 m×0.6 m
3	续航能力	最大航行距离≥1×10⁴ km；连续工作时间≥1 a
4	运动速度	近海平均≥0.8 kn；远海平均≥1.0 kn
5	位置保持	全天位置保持误差≤100 m，半径概率≥50%（SS3，海流<1 kn）
6	路径导航	全天直线路径偏差≤100 m，概率≥80%（SS3，海流<1 kn）
7	海况等级	耐受台风≥12 级，可生存最大浪高≥10 m
8	发电功率	峰值发电≥160 W，长期平均≥16 W
9	蓄电储备	连续无光工作时间≥7 d（标准配置）

三、中船重工第七一〇研究所海鳐波浪滑翔机

中船重工第七一〇研究所牵头研制的海鳐波浪滑翔机具有北斗卫星通信和定位、自主航行控制的功能，可搭载 ADCP、CTD、气象观测站和光、磁等多种气象海洋环境观探测传感器，实现大范围、远距离的海表水文及海面气象观测、水下目标探测及其水面通信节点等使命任务（表 3-5，图 3-3）。2017 年 8 月，海鳐波浪滑翔机经过历时 92 d、航程 3 242 km 的海上验证，其航行速度、航行

精度、定点锚泊精度、海洋环境探测功能等各项性能指标达到国内领先水平。

表 3-5 中船重工第七一〇研究所海鳐波浪滑翔机主要技术指标

序号	指标项	指标参数
1	航行距离	大于 4 000 km
2	续航时间	大于 180 d
3	航行速度	0.5~3 kn
4	锚泊能力	3 级海况 CEP 80%，半径 30 m
5	有效载荷	40 kg
6	测量参数	风向、风速、浪高、海流、水下温度、盐度和密度，可根据需求扩展其他应用

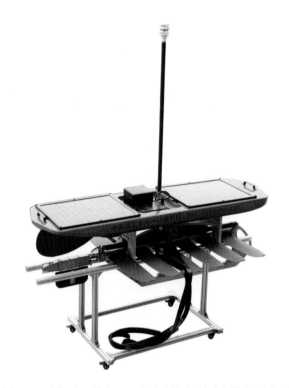

图 3-3 中船重工第七一〇研究所海鳐波浪滑翔机示意图

四、中国海洋大学海哨兵波浪滑翔机

中国海洋大学海哨兵波浪滑翔机紧紧围绕波浪滑翔机技术开展海洋环境动力无人潜航器的开发与应用，重点突出装备的长期性、可靠性、自主性等特征，完成高效推进、精准控位、编队协作、准确感知、智能辨识等核心技术攻关，致力于构建全球外海大洋常态化无人观探测体系，对开启海洋观测和探测新时代具有重要意义（图3-4）。

图3-4　中国海洋大学海哨兵波浪滑翔机示意图

五、天津瀚海蓝帆海洋科技公司蓝精灵波浪滑翔机

天津瀚海蓝帆海洋科技公司蓝精灵波浪滑翔机改进了波浪滑翔机牵引机的原始结构，进行了波浪滑翔机牵引机性能的大量优化，牵引机尾部加装了螺旋桨推进器，波浪滑翔机的航行速度提升到 0.8 m/s，位置保持能力提升到误差100 m，航向保持能力大大提升，具有卫星通信、全球定位和自主导航的能力，可以实现大范围、远距离的海表水文及海面气象等环境参数的走航测量和实时回传（图3-5）。目前，该装备已经在黄海、南海和渤海等海域进行了多次海上试验，实测效果显著。

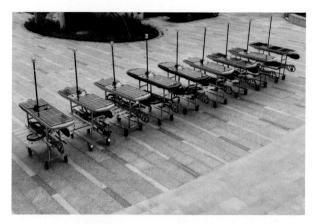

图3-5　天津瀚海蓝帆海洋科技公司蓝精灵波浪滑翔机示意图

第五节　主要搭载设备

波浪滑翔机具有卫星通信、定位、自主航行功能，可根据任务要求，长期执行观测任务，可搭载主要任务载荷包括海洋环境探测设备、光学探测设备、声学探测设备、磁探测设备。例如：自动气象站、测波仪、水听器、水声通信Modem、ADCP、CTD、溶解氧、pCO_2、pH、荧光剂、鱼探仪等海洋观测传感器。

第六节　主要应用领域

波浪滑翔机具有续航时间久、航程远以及生存能力极强的优势，可完成大范围、远距离的海面气象参数观测、海表水动力环境参数监测、水下目标探测以及作为水面水上通信节点等任务。目前，已在远航海海洋环境观探测、海洋渔业、海洋污染、海洋运输、海洋区域性水声导航定位、水声通信和卫星通信组网，以及海洋工程、海洋军事等领域得到了大量应用，为海洋观探测提供了一种全新的解决方法。

第七节　应用局限性

波浪滑翔机依靠波浪能获得前进动力，依靠太阳能电池板获得电力，其航行速度较慢，能提供的负载功耗偏低，应用领域和场景备受限制。因此需要继续开展波浪推进机理理论研究，深入开展海洋能捕获、转化和高效利用技术，根本上解决耐波性和能源问题，提高推进效率，使波浪滑翔机具有更好的航行性能和载荷能力。此外，针对波浪滑翔机弱机动性、大扰动特性，可借鉴无人系统智能控制、规划和决策的成果，提升智能水平和应对恶劣海洋环境的自适应能力。

第八节　应用评述

波浪滑翔机具有超大航程、自供能源、全球定位、卫星通信、自主导航的功能，可按照预设路径自动航行或者环绕预定位置虚拟锚泊，长时序大尺度（$1×10^4$ km/a）无人自主连续走航测量和远程实时回传，是远洋长距离观测的最佳选择。此外，其可以保持在海面的固定位置对水下、水面设备完成数据传输中继服务。未来，随着航速和负载功率的提高、协同控制和协同作业等技术问题的解决，波浪滑翔机将与无人艇、无人机、无人潜器、水下滑翔机等联合构建无人观测系统，成为未来海洋观测的首选装备，是海洋立体观测网中不可或缺的一部分。

第四章 表面漂流浮标

第一节 概述

表面漂流浮标是一种利用卫星系统定位、随流漂移和具有数据实时传输功能的一次性海洋观测装备，其体积小，便于投放，根据不同的使用目的（搭载载荷）可连续在海上工作几个月到两年。

表面漂流浮标一般由水帆、水上浮球和连接缆绳构成，水上浮球安装有通信设备（ARGOS、铱星等）、天线、电池和传感器，可实时监测气温、气压、风速、风向、600 m 以内的温度剖面分布、海表面温度及全向环境噪声，同时通过拉格朗日法大尺度测量海表层流速和跟踪海流走向，并由此分析观测海域海流及水体表层温度的分布特征。

表面漂流浮标早期是使用 ARGOS 系统进行定位，后发展到使用 GPS 系统、铱星或北斗系统。目前，上述几种定位系统均在使用。

第二节 国内外现状与发展趋势

表面漂流浮标最早应用于海洋大尺度测量。20 世纪 70 年代后期，ARGOS 系统的建立使得表面漂流浮标进入实用化阶段，表面漂流浮标真正成为海洋水文观测工具。从 20 世纪 80 年代起，表面漂流浮标开始广泛应用于海洋环境观探测领域，据《ARGOS 简讯》报道：1990—1995 年期间有关国家在太平洋布放约 1 369 个表面漂流浮标。其中，美国在 TOGA 计划中大量使用表层漂流浮标，进行气象和水文要素观测，为厄尔尼诺和南方涛动研究提供了非常宝贵的海流、风、气压及温度资料；美国家气象局飓风中心每年布放 5~10 个表层漂流浮标，用于支持飓风预报；美海军每年布放 10~20 个表层漂流浮标用于支持特定任务；日本海上保安厅使用单参数表层漂流浮标用于监测黑潮的流径、流速和测量表层水温。

21 世纪以来，随着 ARGOS 系统的不断升级，国外表面漂流浮标开始使用第二代 ARGOS 卫星通信系统，实现了表面漂流浮标与卫星的双向通信。此外，随着 GPS 的成熟和降价，很大一部分表面漂流浮标逐渐采用 GPS 定位与移动卫星通信，也有部分浮标采用铱星系统进行通信。

我国第一型表面漂流浮标由国家海洋技术中心于 1994 年研制成功，它可连续采集水深约 2.5 m 处的温度，并利用 ARGOS 系统定位和传输数据。目前，基于我国北斗卫星通信的表面漂流浮标已研制完成，并成功在海上开展应用。

第三节　主要分类

表面漂流浮标按照搭载设备种类，可分为单参数表面漂流浮标和多参数表面漂流浮标；按照使用用途，可分为用来测流的特轻型表面漂流浮标、较大气象型表面漂流浮标、溢油跟踪型表面漂流浮标等。

第四节　主流产品

一、美国 PacificGyre 公司 Microstar 表面漂流浮标

美国 PacificGyre 公司 Microstar 表面漂流浮标是一型低价的海洋漂流浮标，搭载有温度传感器，可潜入海面下 1 m 深度（表 4-1，图 4-1）。

表 4-1　美国 PacificGyre 公司 Microstar 表面漂流浮标主要技术指标

序号	指标项	指标参数
1	直径	20 cm
2	重量	2.4 kg
3	材质	ABS 塑料
4	表层温度传感器深度	10 cm
5	潜入海面下深度	1 m
6	遥测模块	铱星 SBD
		Globalstar Simplex

图 4-1　美国 PacificGyre 公司 Microstar 表面漂流浮标示意图

二、美国 PacificGyre 公司 SVP 表面漂流浮标

美国 PacificGyre 公司 SVP 表面漂流浮标的标配传感器可测量海表面温度、盐度、气压和风速，并可在水深 2~50 m 处跟踪海流，此外还可容纳一系列额外的传感器（表 4-2，图 4-2）。

表 4-2　美国 PacificGyre 公司 SVP 表面漂流浮标主要技术指标

序号	指标项	指标参数
1	直径	36 cm
2	材质	ABS 塑料
3	表层温度传感器深度	10 cm
4	遥测模块	铱星 SBD W/ 铱星 9602 Modem
		Argo 2W/ Kenwood PMT
		Argo 3W/ Kenwood PMT
		Globalstar Simplex/Globalstar STX-2

图 4-2　美国 PacificGyre 公司 SVP 表面漂流浮标示意图

三、加拿大 Metocean 公司 Argosphere 表面漂流浮标

加拿大 Metocean 公司 Argosphere 表面漂流浮标是一型专为近海海洋监测、海洋突发事件监测设计的低成本、高性价比的漂流浮标，可从空中或者船上投放（表4-3，图4-3）。

表4-3 加拿大 Metocean 公司 Argosphere 表面漂流浮标主要技术指标

序号	指标项	指标参数
1	直径	28 cm
2	重量	10 kg
3	材料	玻璃纤维
4	电池	最短2个月
5	观测要素	水温
6	自由下落高度	3 m
7	通信	ARGOS/GPS/Tiros

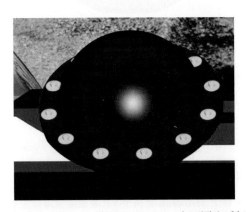

图4-3 加拿大 Metocean 公司 Argosphere 表面漂流浮标示意图

四、加拿大 Metocean 公司 Isphere 表面漂流浮标

加拿大 Metocean 公司 Isphere 表面漂流浮标也是一型专为近海海洋监测设计的低成本、高性价比的漂流浮标，它可以提供实时的海水温度、GPS 数据和海面状况（表4-4，图4-4）。

表 4-4 加拿大 Metocean 公司 Isphere 表面漂流浮标主要技术指标

序号	指标项	指标参数
1	直径	39.5 cm
2	重量	10.9 kg
3	电子	Metocean 控制平台，Navman 定位模块
4	观测要素	水温、海面状况
5	自由下落高度	10 m

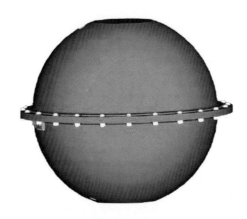

图 4-4 加拿大 Metocean 公司 Isphere 表面漂流浮标示意图

五、加拿大 Metocean 公司 ISVP 表面漂流浮标

加拿大 Metocean 公司 ISVP 表面漂流浮标是一型低成本、高性价比的漂流浮标，可搭载多种传感器，适合于从空中或者船上投放（表 4-5，图 4-5）。

表 4-5 加拿大 Metocean 公司 ISVP 表面漂流浮标主要技术指标

序号	指标项	指标参数
1	直径	39.5 cm
2	重量	18.1 kg
3	观测要素	气温、水温、相对湿度、海面状况
4	电子	Metocean 控制平台，Navman 定位模块，铱星数据模块
5	自由下落高度	10 m

图 4-5　加拿大 Metocean 公司 ISVP 表面漂流浮标示意图

六、西班牙 AMT 公司 Boyas 表面漂流浮标

西班牙 AMT 公司 Boyas 表面漂流浮标是基于海洋调查、环境监测、气象预报和科学实验的需求而逐步发展起来的一种小型海洋资料浮标，可根据用户设置的采样频率和时间间隔采集海洋环境数据，有定位和传输数据的功能（表 4-6，图 4-6）。该型浮标体积小、重量轻、便于布放回收，适用于海岸带中短期科研项目，漏油追踪以及海域搜救工作。系统软件基于 GIS 设计，可与 google 地图兼容，用户可通过软件设置数据采样频率和传输频率。

目前，Boyas 表面漂流浮标有 MD03、MD03i、ODi 共 3 种型号，其中 MD03 型表层漂流浮标依靠固定的卫星通信网定位，并通过 GSM 或铱星双向卫星通信网络将数据传输到地面接收站。

表 4-6　西班牙 AMT 公司 Boyas 表面漂流浮标主要技术指标

序号	指标项	指标参数		
		MD03	MD03i	ODi
1	体积	1.8 L	2.3 L	5 L
2	重量	1.2 kg	1.7 kg	3 kg
3	测量数据	GPS 位置、时间、温度、电池	GPS 位置、时间、温度、电池	GPS 位置、时间、温度、电池、模拟、数字信号
4	自动工作时长	7 d	21 d	最多 1 a
5	软件	观测和参数测量，向谷歌地图输出数据		

序号	指标项	指标参数		
		MD03	MD03i	ODi
6	可选安装			4 个模拟输入 4 个数字输入/输出
7	信息传送	GSM	卫星	卫星

图 4-6　西班牙 AMT 公司 Boyas 表面漂流浮标示意图

七、日本 NiGk 公司 NDB-IT 表层漂流浮标

日本 NiGk 公司 NDB-IT 表层漂流浮标通过太阳能与电池供电，持久耐用，且具有体积小、重量轻、易布放等特点（表 4-7，图 4-7）。

表 4-7　日本 NiGk 公司 NDB-IT 表层漂流浮标主要技术指标

序号	指标项	指标参数
1	浮标尺寸（直径×高）	315 mm×400 mm
2	空气中重量	6.5 kg
3	浮力	80 N
4	坐标系	WGS-84
5	位置误差	±50 m
6	间隔	10 m 或 1 h
7	通信	铱星

图 4-7　日本 NiGk 公司 NDB-IT 表层漂流浮标示意图

八、天津市海华技术开发中心 FZS3-1 表层漂流浮标

天津市海华技术开发中心 FZS3-1 表层漂流浮标是一型通过随流漂移测量表层水温和平均海流、利用卫星系统定位、具有数据实时传输功能的海洋观测装备（表 4-8，图 4-8）。该型浮标主要用来分析观测海域的表层海流特征及其漂移路径上的温度变化。

表 4-8　天津市海华技术开发中心 FZS3-1 表层漂流浮标主要技术指标

序号	指标项	指标参数
1	工作寿命	连续工作 3 个月以上
2	定位方式	Argo 卫星或北斗卫星、GPS（可选）
3	数据传输	Argo 卫星或北斗卫星（可选）
4	温度	量程：0~39℃ 准确度：±0.2℃
5	海流	拉格朗日法计算

图 4-8　天津市海华技术开发中心 FZS3-1 表层漂流浮标示意图

47

九、中国科学院海洋研究所基于北斗通信的表层漂流浮标

中国科学院海洋研究所研发的基于北斗通信的表层漂流浮标是用于无人值守海洋环境参数实时测量的装备，该浮标将跟踪的表层流场和测量的表层动力学环境参数信息通过北斗卫星实时传输至陆地数据中心（表4-9，图4-9）。

表4-9　中国科学院海洋研究所基于北斗通信的表层漂流浮标主要技术指标

序号	指标项	指标参数
	北斗卫星通信性能参数	
1	接收载波频率	2 491.75 MHz
2	发射载波频率	1 615.68 MHz
3	接收门限功率	−127.6 dBm
4	载波抑制	≥30 dBc
5	数据接收率	≥90%
6	定位信息自动上报周期	1 min 以上均可配置
	北斗/GPS 定位参数	
7	频率	北斗 B1 GPS L1
8	定位模式	单系统独立定位，多系统联合定位
9	首次定位时间 （TTFF）	冷启动：35 s 热启动：1 s 重捕获：1 s
	供电参数	
10	电池类型	锂亚硫酰氯电池
11	电池容量	≥800 Wh
12	续航能力	定位时间间隔 1 h，工作时长达 12 个月以上
	浮标体参数	
13	外径	>28 cm（28 cm、32 cm、36 cm、40 cm 可选）
14	高度	>30 cm
15	总排水量	>12 kg
16	浮体厚度	>6 mm

序号	指标项	指标参数
水动力系统参数		
17	构成	系缆和拖伞
18	长度	20 m（根据需要可调）
19	拖曳比	≥40∶1
测量要素		
20	GPS	定位精度：5 m
21	水温	范围：-5~50℃，精度：0.1
22	海流	流速、流向
其他参数		
23	接口	RS232
24	工作温度	-20~55℃
25	储存温度	-40~85℃
26	外部启动开关	磁控

图 4-9 中国科学院海洋研究所基于北斗通信的表层漂流浮标示意图

十、青岛海研电子有限公司表层漂流浮标

青岛海研电子有限公司研发生产的 HY-PLFB-BJB 表层漂流浮标可布放于海面及海面以下固定深度，利用位置信息（北斗或 GPS 定位）及数据获取时间来计算海流数据，并对海洋表面温度和气压进行观测，通过北斗远程配置表面漂流浮标定位及北斗短报文数据回传（表 4-10，图 4-10）。HY-BLJL 表层漂流波浪浮标可实现短期近岸定点观测或远海漂流式观测，对海面波高、波向、波周期等要素的测量，数据通过北斗、4G、铱星回传，具有体积小巧，观测周期长，实时通讯的特点（表 4-11，图 4-11）。

表 4-10 青岛海研电子有限公司 HY-PLFB-BJB 表层漂流浮标主要技术指标

序号	指标项	指标参数
1	尺寸（中盘直径）	504 mm
2	材质	高强度改性聚碳酸酯
3	壳体颜色	透明/明黄/深灰 可个性化定制
4	定位方式	北斗与 GPS 双定位
5	回传频率	默认 1 h，频率可调空间 1 min～12 h
6	温度传感器	量程：-10~50℃，精度：0.1℃
7	数据传输通道	默认北斗短报文
8	配置及测试方式	北斗远程配置及测试
9	水帆尺寸	直径 90 cm，长度 4.4 m
10	水帆深度	1~20 m
11	空气中净重量	12 kg
12	开关方式	单次接触磁力开关
13	工作温度	0~50℃
14	储存温度	-20~60℃

图 4-10　青岛海研电子有限公司 HY-PLFB-BJB 表层漂流浮标示意图

表 4-11　青岛海研电子有限公司 HY-BLJL 表层漂流波浪浮标主要技术指标

序号	指标项	指标参数
测量参数		
1	波浪高度	测量范围：0~30 m 测量精度：±（0.1+5%×测量值）
2	波浪方向	测量范围：0°~360° 测量精度：±11.25°
3	周期	测量范围：0~25 s 测量精度：±1 s
4	1/3 波高	测量范围：0~30 m 测量精度：±（0.1+5%×测量值）
5	1/10 波高	测量范围：0~30 m 测量精度：±（0.1+5%×测量值）
6	1/3 波周期	测量范围：0~25 s 测量精度：±1 s
7	1/10 波周期	测量范围：0~25 s 测量精度：±1 s
环境适应性参数		
8	工作温度	0~50℃
9	储存温度	−20~60℃

续表 4-11

序号	指标项	指标参数
	尺寸重量参数	
10	浮球重量	约 14 kg
11	电池重量	约 6.5 kg
12	外壳（含螺丝）重量	4 kg
13	浮标壳体直径	中盘 504 mm
14	壳体颜色	透明/明黄/深灰 可个性化定制
	性能参数	
15	通信系统	4G/北斗/铱星通信，支持多路卫星复合通信
16	供电系统	锂电池组：标准工作环境下工作时长为 3 个月/6 个月（1 组电池/2 组电池） 碱性电池组：标准工作环境下工作时长为 1 个月（根据实际使用情况而定）
17	供电	直流 12 V（9~14.4 V）
18	有效数据传输时间	15 min（10 min 采集 5 min 数据处理）
19	设备启动时间	<50 ms

图 4-11　青岛海研电子有限公司 HY-BLJL 表层漂流波浪浮标示意图

第五节　主要搭载设备

根据表面漂流浮标的应用领域，最主要的搭载设备是温度传感器和导航定位模块，随着应用场景的扩展，可搭载其他传感器，例如：风速、气压、海流、电导率、盐度、水质等传感器。

第六节　主要应用领域

表面漂流浮标最重要的应用是进行拉格朗日海流观测，对大范围缺乏数据海域的气象水文分析和预测非常重要，对海流数值及其变化的分布、大洋环流研究等方面起着更为重要的作用。近年来，根据海气相互作用研究、突发性环境污染监测、自然灾害调查等多方面的需求，开始使用表面漂流浮标跟踪及预测溢油和赤潮的漂移，采用实时数据作为卫星遥感海洋应用的地面真值校准，支持海洋环境预报和天气预报模式研究和检验。目前，表面漂流浮标广泛应用于海洋洋流研究、污染物追踪、海洋气象观测、海气作用研究、溢油监测、渔业监测、海上救援等领域。

第七节　应用局限性

海洋表层漂流浮标基本采用"GPS（或者北斗）定位+商业通信卫星"的方式进行定位和数据传输，如果卫星接收到表面漂流浮标发送数据次数较少（少于4次），就无法计算出浮标的准确定位，表面浮标采集的数据也就无效，因此表面漂流浮标只能按照一定的时间间隔不间断地发送浮标采集的数据，增加了整个系统的功耗，减少了浮标的工作寿命。表层漂流浮标由于自身缺乏动力且不可回收，因此其观测轨迹是不确定的，造成观测的不确定性很强，因此需要投放大量浮标，覆盖观测区域，导致观测成本的相对升高，观测的针对性降低。

第八节　应用评述

在全球海洋立体观测网中，针对缺乏观测数据的海域，表层漂流浮标用于大尺度海流观测的作用十分显著，但其不适用近海海洋观测。表层漂流浮标具有结构可靠、投放简便、投放后无须维护、综合成本低等优点，目前仍是现有海洋观测手段的一个重要补充。未来，表面漂流浮标应该重点以全球大尺度海流观测为主，同时拓展在溢油跟踪、赤潮跟踪、渔业监测、海上搜救等方面的应用场景。

第五章　自沉浮式剖面浮标

第一节　概述

全球几千余个活跃的自沉浮式剖面浮标（Array for Real-time Geostrophic Oceanography，Argo）组成了全球 Argo 实时海洋观测网，Argo 浮标属于次表层漂流浮标，通过自主升降和拉格朗日环流法快速、准确、大范围收集全球海洋 0~2 000 m 深度的剖面温度、盐度和浮标漂移轨迹等资料。

Argo 浮标一般由壳体、上浮/下沉液压驱动装置、传感器、控制电路、天线和电池等部分组成。Argo 浮标布放后自动潜入 2 000 m 深处的等密度层，随海流保持中性、自由漂浮状态，到达预设时间自动上升至水面，在攀升过程中进行温度、盐度剖面测量。到达水面后通过卫星定位与数据传输系统将采集的资料传送给地面接收站。数据发送完毕，Argo 浮标自动下沉到预定深度，重新开始下一个自动循环过程，从而实现深海温度、盐度剖面测量和拉格朗日环流观测。

Argo 浮标主要使用 ARGOS 系统、GPS 系统、铱星系统进行定位、通信。随着北斗系统的建设，我国已经研制了基于北斗系统的 Argo 浮标。Argo 浮标一般使用碱性电池或锂电池：若使用碱性电池，在海上存活时间可达两年以上；若使用锂电池，其寿命可达 3~5 年。

第二节　国内外现状与发展趋势

20 世纪 50 年代，英国科学家首先成功研制出次表层漂流浮标，并广泛应用于深海环流特性调查，首次揭示了开阔大洋中占优势的中尺度流场特征。60 年代末到 70 年代初，研制了利用水声跟踪定位的 SOFAR 次表层漂流浮标；随后由于 WOCE 计划的实施，需要用次表层漂流浮标覆盖全球大洋，用水声跟踪的方法不可能完成，从而促进了次表层漂流浮标的发展，ALACE 智能型次表层漂流浮标进而由美国 Scipps 海洋研究所和美国 Webb 研究公司联合研制完成。ALACE

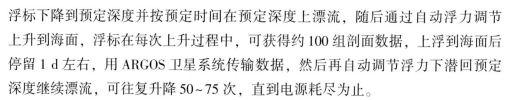

浮标下降到预定深度并按预定时间在预定深度上漂流，随后通过自动浮力调节上升到海面，浮标在每次上升过程中，可获得约 100 组剖面数据，上浮到海面后停留 1 d 左右，用 ARGOS 卫星系统传输数据，然后再自动调节浮力下潜回预定深度继续漂流，可往复升降 50~75 次，直到电源耗尽为止。

20 世纪 90 年代中期，美国 Webb 研究公司研制生产了 APEX 次表层漂流浮标，与 ALACE 浮标不同之处在于它能主动控制深度，并能从它漂流的深度完成向上或向下的剖面测量，是真正意义上的自沉浮式剖面浮标。APEX 浮标最大工作深度为 2 000 m，能自动升降 100 次，寿命可达 5 年。随后，随着国际 Argo 观测计划的提出与实施，加拿大、法国、日本等都先后研制完成了自沉浮式剖面浮标，并且自 1999 年布放第一个 Argo 浮标起到 2018 年，全球已经陆续投放了约 15 000 个 Argo 浮标，在全球海洋上获得了 200 余万条剖面数据，目前约有 4 000 个浮标正活跃在海上。

近年来，针对 2 000 m 以深的深海 Argo 计划，法国海洋开发研究院联合 NKE 公司于 2012 年率先研制出第一个 Arvor 型深海剖面浮标，可观测 0~4 000 m 水深范围内的海水温度、盐度等常规要素。此外，美研制了 SOLO 型和 APEX 型深海剖面浮标，日研制了 NINJA 型深海剖面浮标，并相继在西北太平洋、印度洋、南大洋和巴西海盆投放工作。

我国 Argo 浮标的研发起步较晚。2001 年国家海洋技术中心通过"自沉浮式中性漂流浮标关键技术研究"，初步掌握了 Argo 浮标的自动沉浮和定深控制两项关键技术；2002 年自主研制成功第一个"自持式循环剖面探测漂流浮标"样机，并进行了首次海上现场测试试验；2003 年，研制完成 COPEX 型 Argo 浮标，在南海海域圆满完成海试，并获得第一手宝贵资料。同时，中船重工第七一〇研究所等单位也相继有相关产品自主研制成功。当前，随着深海 Argo 计划的推进，国内多家科研单位于 2018 年完成 0~4 000 m 深海 Argo 浮标样机研制，并于 2019 年在西太平洋海域进行了样机的压力测试。

第三节　主要分类

Argo 浮标主要分为浅海 Argo 浮标和深海 Argo 浮标，其中把工作水深在 2 000 m 以内的 Argo 浮标称为浅海 Argo 浮标，把工作水深大于 2 000 m 的称为深海 Argo 浮标。

第四节　主流产品

一、美国 SeaBird 公司 Navis 浅海浮标

美国 SeaBird 公司 Navis 浅海浮标基于传统架构设计，传感器位于顶端，浮力气囊位于底端（表 5-1，图 5-1）。该浮标的浮力引擎采用一个容积活塞泵将硅油从内部输送到外部储蓄池来增加漂流体积使浮标上升，油循环设备（闭合回路）使用一个无缝天然橡胶外部气囊和一个达 300 mL 的内部储油池。该型浮标的能耗率、置放稳定性和投放深度都在原有浮标基础上进行了提高，自动压舱的能力也降低了投放的准备时间。

表 5-1　美国 SeaBird 公司 Navis 浅海浮标主要技术指标

序号	指标项	指标参数
1	尺寸	壳直径 14 cm，环直径 24 cm，总长度 159 cm
2	空气中重量	小于 18.5 kg
3	材料	铝壳，无缝天然橡胶外部气囊
4	最小体积变化	1.70%
5	深度	2 000 m
6	通信	铱收发器 9523
7	位置	GPS
8	停歇间隔	1~15 d
9	存油量	300 mL
10	压载物	自身压载，1 d 平衡
11	自激活	当压力达到用户设定值时，自动开启
12	电源耐久性	10 a
13	温度	初始精度：±0.002℃ 稳定性：0.000 2℃/a
14	盐度	初始精度：±0.002 稳定性：0.001/a
15	压力	初始精度：$\pm 2 \times 10^4$ Pa 稳定性：0.8×10^4 Pa/a

图 5-1　美国 SeaBird 公司 Navis 浅海浮标示意图

二、美国 Webb 研究公司 APEX 浅海浮标

美国 Webb 研究公司 APEX 浅海浮标的沉浮功能主要依靠液压驱动设备改变自身体积来实现，在海洋中自由漂移，自动测量海面到 2 000 m 深度之间的海水温度、盐度和深度，并跟踪它的漂移轨迹，获取海水的移动速度和方向（表 5-2，图 5-2）。目前，该型浮标已向全球 21 个国家销售了近 8 000 个，约占全球 Argo 浮标总数的近 60%。

表 5-2　美国 Webb 研究公司 APEX 浅海浮标主要技术指标

序号	指标项	指标参数
1	尺寸（直径×长×天线）	16.5 cm×127 cm×69 cm
2	重量	25 kg
3	续航力	4 a、150 次升沉
4	工作水深	2 000 m
5	通信	Argo、铱星
6	电池	碱性电池，一次性锂电池可选
7	CTD 传感器	Sea-Bird SBE-41，RBR Argo

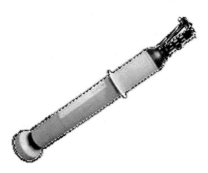

图 5-2　美国 Webb 研究公司 APEX 浅海浮标示意图

三、美国 Webb 研究公司 APEX 深海浮标

美国 Webb 研究公司 APEX 深海浮标是全球首款最大工作水深（水深 6 000 m）的商业化产品（表5-3，图5-3）。该浮标使用专有技术，将 Seabird SBE-61 和 AADI 4330 等传统传感器带入新的深度，可通过铱星或 GPS 定位与传输数据，是获取深海观测数据的较好工具。

表5-3　美国 Webb 研究公司 APEX 深海浮标主要技术指标

序号	指标项	指标参数
1	外形	直径 43.2 cm 的球体
2	重量	25 kg
3	工作水深	6 000 m
4	通信	Argo、铱星
5	电池	一次性锂电池
6	CTD 传感器	Sea-Bird SBE-61
7	溶解氧传感器	Aanderaa 4831，RINKO AROD-FT

图5-3　美国 Webb 研究公司 APEX 深海浮标示意图

四、美国 Scipps 海洋研究所 SOLO 深海浮标

美国 Scipps 海洋研究所 SOLO 深海浮标是当前国际上最先进的深海自动剖面浮标，其设计观测水深为 6 000 m，拥有长达 6 年的工作寿命（表5-4，图5-4）。此外，该型浮标不仅有避冰和触底探测功能，还具备浮标投放后的回收能力。

表 5-4　美国 Scipps 海洋研究所 SOLO 深海浮标主要技术指标

序号	指标项	指标参数
1	形状	13 英寸球形
2	重量	25 kg, SOLO 2 18.6 kg
3	最大下沉深度	6 000 m
4	续航力	6.5 d/循环, 160 个循环
5	通信	铱星
6	CTD 传感器	EBS 61
7	上升/下降速度	约 6 cm/s, SOLO 2 12 cm/s

图 5-4　美国 Scipps 海洋研究所 SOLO 深海浮标示意图

五、法国 NKE 公司 Provor CTS4 浅海浮标

法国 NKE 公司 Provor CTS4 浅海浮标的最大工作水深为 2 000 m，该型浮标可在海洋中预定深度随海流漂移，按设定周期循环、完成垂直升沉运动，并在上升过程中进行温盐剖面测量，在海面通过 ARGO 卫星定位并传送测量的剖面数据（表 5-5，图 5-5）。

表 5-5　法国 NKE 公司 Provor CTS4 浅海浮标主要技术指标

序号	指标项	指标参数
1	工作水深	0~2 000 m

序号	指标项	指标参数
2	寿命	4.5 a/250 循环
3	工作温度	0~40℃
4	CTD 传感器	SBE 41 CP
5	温度	量程：-3~32℃ 初始误差：±0.002℃ 分辨率：0.001℃
6	盐度	量程：10~42 PSU 初始误差：±0.005 PSU 分辨率：0.001 PSU
7	压力	量程：0~2 500 m 初始误差：±2.4 m 分辨率：0.1 m

图 5-5　法国 NKE 公司 Provor CTS4 浅海浮标示意图

六、法国 NKE 公司 Arvor 深海浮标

法国 NKE 公司 Arvor 深海浮标于 2012 年研发完成，可观测 0~4 000 m 水深范围内的海水温度、盐度等常规要素。目前，在北大西洋副极地海域布放的该型浮标，均配备了避冰和触底探测功能，且设置了较高的垂向分辨率。但该型

Argo 浮标的存储功能与电池性能有待进一步提高（表 5-6，图 5-6）。

表 5-6　法国 NKE 公司 Arvor 深海浮标主要技术指标

序号	指标项	指标参数
1	尺寸（直径×长）	14 cm×216 cm
2	重量	26 kg
3	工作水深	0~4 000 m
4	通信	铱星、GPS
5	寿命	150 个循环
6	供电	锂电池
7	温度	量程：−5~32℃ 初始误差：±0.002℃ 分辨率：0.001℃ 稳定性：0.002℃/5 a
8	压力	量程：0~4 100×10⁴ Pa 初始误差：±2.4×10⁴ Pa 分辨率：0.1×10⁴ Pa 稳定性：5×10⁴ Pa/5 a
9	盐度	量程：0~42 PSU 初始误差：±0.005 PSU 分辨率：0.001 PSU 稳定性：0.001 PSU/5 a
10	溶解氧（可选）	量程：0~500 μmol/L 初始误差：8 μmol/L±5%

图 5-6　法国 NKE 公司 Arvor 深海浮标示意图

七、日本 TSK 公司 NINJA 深海浮标

日本 TSK 公司 NINJA 深海浮标最大剖面观测深度可达 4 000 m，可适用于从热带到高纬度的季节性冰覆盖区域（表 5-7，图 5-7）。该型浮标由油箱、泵和 50 cm³ 气缸、三向阀、活塞、马达和制动器组成，其中，该浮标泵的往复运动和三向阀门最大可产生 500 cm³ 的浮力。

表 5-7　日本 TSK 公司 NINJA 深海浮标主要技术指标

序号	指标项	指标参数
1	尺寸（直径×长）	250 mm×2 100 mm
2	重量	空气中约 50 kg
3	最大下沉深度	4 000 m
4	下降时间	5.5 h
5	上浮时间	5.5 h
6	通信	铱星、GPS
7	传感器	CTD

图 5-7　日本 TSK 公司 NINJA 深海浮标示意图

八、青岛海山海洋装备有限公司 C-Argo 自主升降浮标

青岛海山海洋装备有限公司 C-Argo 自主升降浮标一种新型的海洋观测设备，包含浅海 C-Argo 浮标和深海 C-Argo 浮标，该设备投放入水后根据预先设定参数，自动下潜至预定漂流深度随海水中性漂浮，到达上浮时间自动上浮，上浮过程中通过 CTD 传感器对该剖面的温度、盐度、深度进行连续采样，上浮到海面后通过北斗卫星将定位数据和 CTD 采样数据发送给用户或数据中心。数据发送完毕，浮标再次下潜到预定深度，开始下一个剖面循环过程，如此循环往复。该设备具有恶劣海况感知与自主规避、触底检测及漂流深度自适应调整、双向通信及在线参数修改设定、高准确度深度控制、防打捞自毁等功能，有较高的环境适应能力和海上生存能力（表 5-8，表 5-9，图 5-8，图 5-9）。其中，浅海 C-Argo 浮标可在海上连续工作 2~3 年，深海 C-Argo 浮标可在海上连续工作 3~4 年。

表 5-8　青岛海山海洋装备有限公司浅海 C-Argo 浮标主要技术指标

序号	指标项	指标参数
1	最大外形尺寸	310 mm×2 000 mm
2	重量	40 kg
3	剖面测量深度	0~2 000 m
4	剖面循环周期	10~240 h（可任意设定）
5	寿命	70 剖面/150 d
6	通信系统	北斗通信系统
7	温度	量程：-5~45℃ 准确度：±0.005℃ 分辨率：0.001℃
8	压力	量程：0~2 000 m 准确度：±0.1%（线性度） 分辨率：0.1 m
9	电导率	量程：0~65 mS/cm 准确度：±0.003 mS/cm

表 5-9　青岛海山海洋装备有限公司深海 C-Argo 浮标主要技术指标

序号	指标项	指标参数
1	重量	约 55 kg
2	最大作业水深	≥4 000 m
3	观测数据自存量	≥2G
4	CTD 传感器	SBE-37
5	数据传输成功率	>95%
6	通信系统	铱星通信系统
7	数据传输	支持数据重传

图 5-8　青岛海山海洋装备有限公司浅海 C-Argo 自主升降浮标示意图

图 5-9　青岛海山海洋装备有限公司深海 C-Argo 自主升降浮标示意图

九、天津市海华技术开发中心 Argo 浅海浮标

天津市海华技术开发中心 Argo 浅海浮标是一种可长期、连续地进行温盐剖面探测的海洋仪器（表 5-10，图 5-10）。该型浮标在水中自由漂流，按预定的程序自动上升、下降和数据采集，通过卫星定位和发送测量数据。

表 5-10　天津市海华技术开发中心 Argo 浅海浮标主要技术指标

序号	指标项	指标参数
1	工作寿命	≥2 a 或≥70 个工作循环
2	定位与数据传输	Argo 卫星或北斗卫星
3	工作深度	0~500 m/2 000 m
4	温度	量程：0~35℃ 准确度：±0.005℃
5	电导率	量程：0~65 mS/cm 准确度：±0.005 mS/cm
6	压力	量程：0~600 m/2 500 m 准确度：±0.2%F.S.

图 5-10　天津市海华技术开发中心 Argo 浅海浮标示意图

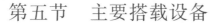

第五节　主要搭载设备

Argo 浮标属于一次性投放设备，根据工作特点，需要对外形尺寸和制造成本进行严格限制，导致其能耗和载荷受限，因此通常只搭载 CTD，目前部分深海 Argo 浮标可选择携带溶解氧传感器。

第六节　主要应用领域

Argo 浮标主要用于全球次表层温度、盐度以及拉格朗日环流的观测，其典型工作流程如图 5-11 所示。Argo 浮标布放后，首先按预设或智能程序通过借助液压动力来改变浮标自身体积下降到一定深度，下降过程中可采集剖面数据。然后，在水下漂流 10~14 d 时间后开始上升，在上升过程中采集剖面数据，当到达海洋表面之后通过卫星定位和传输数据，接着在海表面进行短暂的漂流之后又开始下潜到设定深度，重复之前的循环。

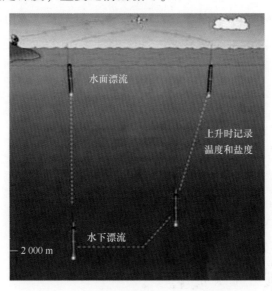

图 5-11　Argo 浮标典型工作流程示意图

第七节　应用局限性

Argo 浮标在应用过程中的局限性主要体现在以下方面：一是少量的 Argo 浮

标难以实现大范围海洋表层和浅层长期变化的环境监测，必须布放大量的 Argo 浮标；二是 Argo 浮标采用抛弃式设计，从而增加了使用成本，为控制成本，Argo 浮标一般只能携带以温盐传感器为主的低成本传感器；三是受 Argo 浮标载重的制约，限制了很多自动原位检测技术的应用，特别是针对生物和化学参数的原位检测技术；四是 Argo 浮标为自容式设计，浮标动力完全由其自身携带的电池提供，因此为保证 Argo 浮标满足 3~5 年的设计寿命和 150 次左右的循环次数，自身需携带占据较大空间的大重量电池，从而对浮标内部的电子设备功耗有严格的限制；五是 Argo 浮标随流漂移，难以在指定海域长期值守。

第八节　应用评述

　　Argo 浮标是全球专用于海洋次表层温度、盐度、深剖面测量的设备，是全球从海盆尺度到全球尺度物理海洋学研究的主要数据源，在全球次表层海洋观测中发挥了重大的作用，对于了解全球海洋深层动力学有着重要的意义。目前 Argo 浮标主要着眼于 2 000 m 以浅的水体进行观测。未来深海 Argo 浮标的发展，对 2 000 m 以下深海次表层数据的获取，将会使人类进一步加深对深海环境、深部生物圈、资源的认识与了解，在大气和海洋业务化预报中发挥更大的作用。Argo 浮标作为全球海洋立体观测系统中重要的一种观测方式，随着工业设计的进步，电池改进、新型传感器的研制，未来可望突破载荷和能耗限制，提供更加多样化的研究应用。

第六章　水下滑翔机

第一节　概述

水下滑翔机（Autonomous Underwater Glider，AUG）是一种新型水下无人航行器，利用其净浮力和姿态角调整获得推进力（通过改变净浮力实现纵向浮沉，通过作用在机翼上的水动力实现水平滑翔），能源消耗极小，只在调整净浮力和姿态角时消耗少量能源。AUG 航行速度较慢，但具有效率高、续航力大（可达上千千米）优势，加之其制造成本和维护费用低、可重复使用和大量投放等特点，满足了长时间、大范围海洋观探测的需求。

AUG 一般由机身、机翼、浮力调节装置、重心调节装置、导航设备、有效负载等组成。AUG 的能源供应主要依靠铅酸电池、银锌电池、锂离子电池和燃料电池等，也有依靠热机系统实现海洋温差能转换动能驱动；其定位主要使用航迹推算，辅以 GPS、声波定位等手段实现。

第二节　国内外现状与发展趋势

水下滑翔机技术最早于 20 世纪 60 年代在美国提出，随后美海军电学实验室（NEL）开展了 AUG 的动力学特性研究，并评估了其未来在美国海军建设上的应用价值；1989 年，美国科学家首次提出了利用温差能驱动在海中滑翔前进的 AUV 概念；1995 年以来，在美国海军研究局（ONR）的资助下，美国 Webb 研究公司、Scripps 海洋研究所和华盛顿大学先后研制出 Slocum、Spray、Seaglider、Deepglider 等多种水下滑翔机，其中 Deepglider 最大工作水深达 6 000 m。其中，为了提高 AUG 续航力，美国 Webb 研究公司研制了温差能驱动的 Slocum 水下滑翔机，其最大航程可达 40 000 km。

目前，大多数的 AUG 是为海洋调查而设计的，但也有一小部分是为军事监视而设计的。例如，由美国海军研究办公室资助，美国 Scripps 海洋研究所和华盛顿大学联合研发的 XRay 水下滑翔机，及其为美国海军近海水下持续监视网络

（PLUSNet）设计的新一代、超大型 ZRay 水下滑翔机。ZRay 水下滑翔机的翼展达 6.1 m，不仅载荷能力强、抗流性强、速度快，而且是目前世界上最大、最快的水下滑翔机。

日本从 20 世纪 90 年代也开始了水下滑翔机的研发。1992 年，日本东京大学研发了用于科学研究的梭式水下滑翔机 ALBAC，该水下滑翔机外形为圆形，长 1.4 m，直径 0.24 m，翼展 1.2 m，最大工作水深 300 m。ALBAC 水下滑翔机无浮力调节系统，而是使用抛弃式压载实现下潜和上浮，完成一次下潜上浮动作后即进行回收，由于未搭载浮力调节系统，ALBAC 滑翔机可携带更多的传感器。

我国的水下滑翔机的研发起步较晚。天津大学研究团队最早于 2002 年开始第一代 AUG 样机的探索，2003 年最早出现其有关水下滑翔机研发的报道。2005 年，天津大学"海燕"团队成功研制出第一代温差能驱动水下滑翔机，工作深度 100 m。2009 年，第二代混合推进型水下滑翔机"海燕"研制成功，工作深度 500 m。也是这一年，他们研制的水下滑翔机有了正式名字——"海燕"。2008 年由中国科学院沈阳自动化研究所自主研制出我国水下滑翔机工程样机。在国家"十二五"期间，国内多家单位研制成功水下滑翔机，且部分产品开始规模化生产。

其中，2011 年中国科学院沈阳自动化研究所研制造的"海翼"水下滑翔机在西太平洋海域超过 4 000 m 水深的连续多次下潜，标志着国外对我在深海水下滑翔机技术上封锁的已被打破。2015 年天津大学自主研发的"海燕"水下滑翔机在南海北部 1 500 m 水深海域通过测试，创造了我国水下滑翔机当时无故障航程最远、时间最长、剖面运动最多、工作深度最大等诸多纪录。2018 年 12 月，"海燕"水下滑翔机在国家重点研发计划"长航程水下滑翔机研制与海试应用"项目中期考核中，单台最大航程 3 619.6 km，创造了国内水下滑翔机续航里程的新纪录。2019 年 7—9 月，"海燕-4000"型水下滑翔机无故障连续运行 68 d，114 个剖面，航程达到 1 423 km，最大工作深度 3 419 m（海域深度约 3 600 m），大于 3 000 m 水深的剖面 100 个。标志着国产海洋装备新型号"海燕-4000"水下滑翔机已具备在 4 000 米级深海连续工作上百个剖面的稳定运行能力。2020 年 5 月"海燕-L"长航程滑翔机在南海安全航行了 301 d，航程 4 450 km，1 250 个 1 000 m 剖面，再创新的中国纪录，达到国际先进水平。2020 年 7 月，"海燕"万米级水下滑翔机获取万米级观测剖面 3 个，最大下潜深度 10 619 m，再次创造了水下滑翔机下潜深度的世界纪录。

第三节　主要分类

AUG 按照能源可分为电能驱动和温差能驱动；按照尺寸，参照 AUV 分类方式，可分为便携式、轻型、重型和超大型。

第四节　主流产品

一、美国 Webb 研究公司 Slocum 系列滑翔机

美国 Webb 研究公司于 1992 年开展"斯洛克姆（Slocum）"滑翔机研制，1995 年研制出 Slocum 滑翔机样机，1998 年在水上进行了滑翔试验，2003 年成功进行海试，2005 年宣布 Slocum 温差能驱动滑翔机研制成功。

2006 年美海军首次通过核潜艇布放了一艘 Slocum 滑翔机，该滑翔机利用 5 d 时间在夏威夷瓦胡岛海域搜集了大量海洋环境信息；2011 年，3 艘 Slocum 滑翔机（2 艘是工作深度约 200 m 的浅海型，1 艘为工作深度约 1 000 m 的深海型）首次参加了在意大利西西里海域进行的"骄傲曼塔（Proud Manta）Ⅱ"反潜演习，获取了 1 000 多次 CTD 测量，测量海域覆盖范围是水面舰船的 10 倍，成本是水面舰艇的 1/10。鉴于 Slocum 滑翔机的突出军事潜力，2015 年 Webb 研究公司旗下子公司 Teledyne 布朗工程公司向美军交付了 150 艘 Slocum 滑翔机的军用版——"近海战场感知水下滑翔机（LBS-G）"后，美海军再次订购了 150 艘。

"斯洛克姆（Slocum）"水下滑翔机可在水深 10 m 至 1 000 m 海域完成多种任务，最大速度约 3.5 m/s，续航力超过 30 d，可搭载模块化设计的声学、光学、化学等专业传感器包。其主要特点是成本低、功耗小、续航力强，可应用于海洋环境监测、水下移动目标跟踪与监视、水下情报搜集和关键海域数据获取等领域（表 6-1，图 6-1）。

在"斯洛克姆（Slocum）"水下滑翔机基础上改进研发的 LBS-G 水下滑翔机传感器系统主要包括：声学模块、光束衰减仪（BAM）、声学调制解调器、多普勒测速仪（DVL）、深度计、电导率计、温度深度测试仪、回声测深仪、荧光仪、湍流传感器、辐射计、散射衰减表、分光光度计等。目前，LBS-G 水下滑翔机广泛用于冰下、远海、近海等多个区域，并应用于美国综合海洋观测体系（OOI）。

表 6-1　美国 Webb 研究公司 Slocum 系列滑翔机主要技术指标

序号	指标项	指标参数	
1	机型	圆形+机翼	圆形+机翼
2	总尺寸（长×宽×高）	1.79 m×1.01 m×0.49 m	1.79 m×1.01 m×0.49 m
3	机身尺寸（长×直径）	1.5 m×0.21 m	1.5 m×0.21 m
4	机身材料	铝合金	铝合金
5	重量	52 kg	60 kg
6	驱动方式	电能驱动	温差能驱动
7	有效载荷	3~4 kg	2 kg
8	最大工作水深	1 000 m	2 000 m
9	续航力	15~30 d	3~5 a
10	额定速度	0.4 m/s	0.4 m/s
11	航程	600~1 500 km	40 000 km

图 6-1　美国 Webb 研究公司 Slocum 系列滑翔机示意图

二、美国华盛顿大学系列水下滑翔机

美国华盛顿大学于 1999 年研制成功 Seaglider 水下滑翔机，同年 9 月 Seaglider 水下滑翔机搭载温度、盐度、压力传感器在普吉特海峡进行了海试，完成了 225 个剖面数据的采集，检验了该装备的航行、导航、测量、通信等各项功能。2003 年和 2004 年，Seaglider 水下滑翔机通过搭载荧光计、溶解氧等传感器在美华盛顿州沿海进行了 2 次共 10 个月的试验，累计总航程达到 5 000 km，获得了该海域大量的溶解氧剖面数据。

为突破滑翔机的深度极限，2002 年华盛顿大学在 Seaglider 水下滑翔机基础上，通过对材料动力学模型和强度的改进，成功研发了 Deepglider。Deepglider 水下滑翔机从外观到内部构造与 Seaglider 几乎一样，其最大区别是壳体材料，Deepglider 外壳采用热固性树脂和碳素纤维，可以保证其下潜到水下 6 000 m，而 Seaglier 壳体材料为铝。此外，Deepglider 的内部空间比 Seaglider 要大些，可放置更多传感器。

目前，Deepglider 和 Seaglider 两型水下滑翔机都被广泛用于海洋科考中（表 6-2，图 6-2）。其中，2011 年在大西洋海域投放了 3 台 Deepglider 水下滑翔机开展海试研究，其最大下潜深度达到了 5 920 m，总航程达 275 km；2015—2016 年在大西洋西部海域投放了 Deepglider 水下滑翔机，通过长达 18 个月的海上试验，对其数据采集和发送情况做了进一步测试。

表 6-2　美国华盛顿大学系列水下滑翔机主要技术指标

序号	指标项	指标参数	
		Seaglider	Deepglider
1	机型	水滴状	水滴状
2	总尺寸（长×宽×高）	2.8 m×1 m×0.4 m	2.8 m×1 m×0.4 m
3	机身尺寸（长×直径）	1.8 m×0.3 m	1.8 m×0.3 m
4	机身材料	玻璃纤维	热固性树脂和碳纤维
5	重量	52 kg	62 kg
6	最大工作水深	1 000 m	6 000 m
7	额定速度	0.25 m/s	0.25 m/s
8	航程	4 600 km	8 500 km
9	有效载荷	25 kg	25 kg

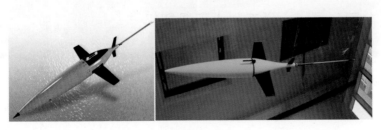

图 6-2　美国华盛顿大学系列水下滑翔机示意图（左：Seaglider；右：Deepglider）

三、美国 Scripps 海洋研究所 XRay 水下滑翔机

XRay 水下滑翔机由美国 Scripps 海洋研究所和华盛顿大学于 2007 年联合研制完成，主要是为美国海军近海水下持续监视网络（PLUSNet）设计的超大水下滑翔机，该型水下滑翔机具有载荷能力强、抗流性好、可控性好、速度快等突出优点（表 6-3，图 6-3）。2008 年进行完 55 次现场测试后，美国海军开展了基于 XRay 水下滑翔机的新一代 ZRay 滑翔机研制工作，并于 2011 年研制成功在圣地亚哥进行了海试，2013 年美国海军研究院公布了 ZRay 水下滑翔机试验视频。目前，ZRay 水下滑翔机仍处于各阶段实验测试中。

表 6-3　美国 Scripps 海洋研究所 XRay 水下滑翔机主要技术指标

序号	指标项	指标参数
1	机型	翼身一体
2	总尺寸（长×宽×高）	1.68 m×6.1 m×0.69 m
3	机身材料	玻璃纤维和碳纤维
4	重量	850 kg
5	最大工作水深	365 m
6	续航力	200 h（额定负载）
7	额定速度	0.5 m/s
8	航程	1 200~1 500 km
9	有效载荷	未知，但有效载荷能力非常强

图 6-3　美国 Scripps 海洋研究所系列水下滑翔机（左：XRay；右：ZRay）

四、美国 Bluefin 公司 Spray 水下滑翔机

美国 Bluefin 公司 Spray 水下滑翔机主要为深海设计，采用细长的低阻力流线型外壳，并且把天线内置于飞翼中，以进一步减小阻力。最大下潜深度达到 1 500 m，拥有自主式导航系统，不需要使用声学定位浮标（表 6-4，图 6-4）。

表 6-4　美国 Bluefin 公司 Spray 水下滑翔机主要技术指标

序号	指标项	指标参数
1	尺寸（直径×长度）	0.2 m×2.13 m
2	重量	52 kg
3	容积变化	700 mL
4	潜水角度	18°~25°
5	工作深度	1 500 m
6	速度	0.19~0.35 m/s
7	能量类型	17.5 MJ 电池
8	作业时间	6 个月以上
9	作业距离	4 800 km
10	导航	GPS，罗经，深度传感器
11	可集成传感器	SBE CTD，可选溶解氧、荧光、浊度、高度计
12	通信	铱星通信

图 6-4　美国 Bluefin 公司 Spray 水下滑翔机示意图

五、法国 ACSA 公司 SeaExplorer 水下滑翔机

法国 ACSA 公司 SeaExplorer 水下滑翔机是 2012 年研制完成的一款流线型的无翼滑翔机。由于 SeaExplorer 水下滑翔机没有机翼，被渔网缠住的危险大大减少；有效载重舱采用模块化设计，可通过更换模块执行多种任务。SeaExplorer 水下滑翔机航速具有续航时间长、负载能力大、速度快、隐蔽性好、维护便捷、经济性好、效率高等优点，适用于执行多种长期航行任务（表 6-5，图 6-5）。2015 年 SeaExplorer 水下滑翔机被应用于"欧洲海洋环境资源勘查"项目，在巴伦支海等海域开展长期海洋探测任务。

表 6-5 法国 ACSA 公司 SeaExplorer 水下滑翔机主要技术指标

序号	指标项	指标参数
1	负载	9L/8 kg 分为干/湿两个区域
2	航速	1 kn
3	工作深度	10~70 m
4	转弯半径	15 m
5	卫星通信	世界范围（铱星）
6	电池寿命	可达数月，取决于传感器耗能
7	传感器	CTD、溶解氧 DO、散射仪、荧光计、高度计、GIB 定位仪等

图 6-5 法国 ACSA 公司 SeaExplorer 水下滑翔机示意图

六、天津大学"海燕"水下滑翔机

天津大学"海燕"水下滑翔机是由天津大学自主研发、北京蔚海明祥科技有限公司生产的一型基于浮力驱动和螺旋桨推进相结合的混合动力水下滑翔机，形似鱼雷，可长时间连续在大范围海域测量温度、盐度、海流、海洋背景噪声等海洋环境参数，以及海洋微结构特征和特殊声源信息等，通过卫星传回数据、接收指令，具有搭载传感器多、通信系统冗余安全性高、高隐蔽性、低噪声、长航程、大深度、低功耗、实时数据传输等特点，且可选低功耗水下声通机实现水下组网观测，具有定深航行、定深潜伏、定点靶心观测等多种观测模式（表6-6，表6-7，图6-6）。目前，"海燕"水下滑翔机应用航程已超过100 000 km，获取剖面超过30 000个，经历17级台风考验，100%成功回收，是国际上下潜工作深度最深、国内航时最久、航程最远的水下滑翔机。

表6-6　天津大学"海燕"水下滑翔机主要技术指标

序号	指标项	指标参数
1	尺寸	主体长度2.3 m；天线杆长度0.9 m 主体直径0.22 m；翼展1.0 m
2	重量	70 kg±10%
3	最大工作深度	1 500 m
4	最大滑翔速度	1.2 kn
5	最大推进速度	3 kn
6	续航能力	1 000 km（极限深度工作剖面不小于210个）
7	能源	一次锂电池，24VDC
8	传感器搭载能力	5 kg（可根据传感器负载调整）
9	电气特性	数据存储容量32MB Nor Flash + 8GB Nand Flash 全双工串行数据通道9路；16位精度A/D通道8路 I/O接口22个
10	定位方式	全球北斗定位系统
11	通信方式	无线通信，天通、铱星双通信冗余系统（可选装北斗信标）
12	可搭载传感器	CTD
13	甲板控制能力	能同时对100台以上滑翔机实现有效控制

表 6-7　天津大学"海燕-L"水下滑翔机主要技术指标

序号	指标项	指标参数
1	尺寸	主体长度 2.6 m 天线杆长度 0.9 m 主体直径 0.23 m 翼展 1.0 m
2	重量	90 kg±10%
3	最大工作深度	1 000 m
4	最大滑翔速度	1.0 kn
5	续航能力	3 000 km
6	能源	一次锂电池，24VDC
7	传感器搭载能力	5 kg（可根据传感器负载调整）
8	电气特性	数据存储容量 32MB Nor Flash + 8GB Nand Flash 全双工串行数据通道 9 路 16 位精度 A/D 通道 8 路 I/O 接口 22 个
9	定位方式	全球北斗定位系统
10	通信方式	无线通信，天通、铱星双通信冗余系统（可选装北斗信标）
11	搭载传感器	CTD
12	甲板控制能力	能同时对 100 台以上滑翔机实现有效控制

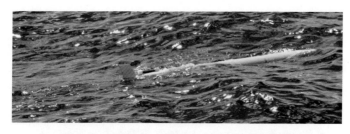

图 6-6　天津大学"海燕"水下滑翔机示意图

七、中国科学院沈阳自动化研究所海翼水下滑翔机

　　中国科学院沈阳自动化研究所海翼水下滑翔机是将浮标、潜标技术与水下机器人技术相结合的一种无外挂推进装置、依靠自身浮力驱动的水下移动观测平台，具有低噪声、低能耗、投放回收方便、制造成本和作业费用低、作业周

期长、作业范围广等特点。

该水下滑翔机系统主要包括水下滑翔机本体和水面监控系统,水下滑翔机本体采用模块化设计,分为艏部舱段、姿态调节舱段、观测舱段和尾部舱段四个舱段,其中观测舱段可以根据需求定制扩展各种探测传感器,包括 CTD、浊度计、叶绿素、溶解氧、营养盐等,用于执行海洋水下环境参数观测作业任务;水面监控系统通过卫星通信链路与水下滑翔机本体进行通信,实现对一台或多台水下滑翔机的远程监控,具有信息显示、任务规划、编辑、下载等功能(表6-8,图6-7)。

表6-8 中国科学院沈阳自动化研究所海翼水下滑翔机主要技术指标

序号	技术指标	指标参数	
		浅海滑翔机	深海滑翔机
1	最大作业水深	300 m	1 000 m
2	尺寸	载体长度 2 m,直径 0.22 m	载体长度 2 m,直径 0.22 m
3	重量	小于 65 kg	小于 70 kg
4	正常航行速度	0.5 kn	0.5 kn
5	最大航行速度	1 kn	1 kn
6	航行范围	800 km	1 000 km
7	续航时间	30 d	40 d
8	通信与定位(二选一)	方案 1:铱星通信、GPS 定位 方案 2:北斗短数据包服务与定位	
9	测量传感器	基本配置 CTD,温度量程 1~32℃,准确度±0.002℃;电导率量程 0~60 mS/cm,准确度±0.003 mS/cm;深度量程 0~2 000 m,准确度±0.1%F.S. 可定制扩展其他传感器(包括溶解氧、浊度计、叶绿素等)	

图6-7 中国科学院沈阳自动化研究所海翼水下滑翔机示意图

八、天津深之蓝海洋设备科技公司"远游一号"水下滑翔机

天津深之蓝海洋设备科技公司远游一号（SZLAUG-1）水下滑翔机是国内第一款由企业自主研发的电驱动水下滑翔机，外形为低阻力长圆形机体，嵌入集成通信与定位天线，活塞式高效浮力引擎，融合电源设计的姿态调节机构，应用"电磁罗盘+GPS+压力计+高度计+北斗/铱星"方案实现自主导航，可搭载水听器、CTD 等科学传感器，实现长时间、大航程的轨迹运动，可获得全方位的海洋环境数据（表6-9，图6-9）。

表6-9　天津深之蓝海洋设备科技公司"远游一号"水下滑翔机主要技术指标

序号	指标项	指标参数
1	直径	220 mm
2	长度	2.1 m
3	重量（空气中）	60 kg
4	排水量	60 kg
5	额定潜深	200 m
6	最大潜深	250 m（深海模式泵可至 1 000 m）
7	航程	750 km
8	速度	0.7 kn
9	浮力变化量	510 mL
10	纵倾角（俯冲角）	20°~35°
11	艏向控制	尾舵
12	能量	锂电池，72 Ah
13	导航	GPS/北斗+电子罗盘+压力传感器+航位推算
14	天线	GPS+铱星/北斗天线（尾部）
15	通信系统	铱星/北斗卫星通信+无线通信
16	安全系统	应急抛载系统，控制系统"看门狗"保护
17	数据管理（数据储存能力）	3.7 GB
18	标配传感器	CTD
19	搭载方式	可配置中间舱或外置

图 6-8　天津深之蓝海洋设备科技公司"远游一号"水下滑翔机示意图

九、中船重工第七一〇研究所 C-Glider 水下滑翔机

中船重工第七一〇研究所 C-Glider 水下滑翔机通过改变自身排水量，改变剩余浮力，提供水下上浮或下沉运动的驱动力，质心调节可以使水下滑翔机头部朝上或朝下，水平滑翔翼在水下滑翔机平台向前运动时始终保证产生垂直于运动方向的升力，从而实现了由自由上浮和下沉转变为在设定深度范围内沿着一定角度的滑翔运动，形成锯齿形路径。在海上实际应用过程中，根据海区深度和海流分析，水下滑翔机可实现动态虚拟锚泊，以非常低的能耗实现超长航程的水中航行，以实现长期海洋观测；此外根据自身位置和目标点位置，选择适当的滑翔斜率和运动方向，可以逐步接近目标点（表 6-10，图 6-9）。

表 6-10　中船重工第七一〇研究所 C-Glider 水下滑翔机主要技术指标

序号	指标项	指标参数
1	总重量	<90 kg
2	总长度	<3 m
3	壳体直径	<0.3 m
4	最大工作深度	1 200 m、2 000 m、4 000 m 三型
5	续航力	≥3 个月或低速（0.5 kn）航程≥1 000 km
6	最大水平滑翔速度	1.5 kn
7	最大抗流速度	1.0 kn
8	具有定点虚拟锚泊工作能力	定位精度 3 km
9	负载能力	5 kg

续表 6-10

序号	指标项	指标参数
10	通信	无线+北斗或铱星卫星通信
11	定位	北斗卫星+GPS 定位
12	温度量程	1~32℃，准确度：±0.002℃
13	深度范围	0~4 000 m，准确度：±0.1%F.S.
14	电导率范围	0~60 mS/cm，准确度：±0.003 F.S.

图 6-9　中船重工第七一○研究所 C-Glider 水下滑翔机示意图

十、中船重工第七○二研究所海翔系列水下滑翔机

中国船舶重工集团公司第七○二研究所设计研发了海翔、USE 两大系列多型水下滑翔机，采用剩余浮力或剩余浮力+推进器混合驱动，可搭载多种海洋环境参数测量传感器，实现对海洋水文、生态、声学等环境参数的大范围长时间不间断自治监测作业，具有卫星通信定位与组网应用能力，测量数据可与陆上信息处理系统远程传输与交互。产品拥有核心专利群，已完成多次海洋环境调查作业应用。

其中，海翔采用剩余浮力驱动，具有多参数监测作业能力，有效载荷超过 10 kg，具有多种安全保护能力，可靠性高，可在 5 级海况下正常作业（表 6-11，图 6-10）；海翔 H 由剩余浮力和螺旋桨混合驱动，具有剩余浮力快速调节能力和自主路径规划功能，用于近海复杂环境下海洋水文、生态环境观测作业，也可执行近海海底地形和水下目标观测作业任务（图 6-11）。海翔水下滑翔机主要性能参数见表 6-11。USE 系列（USE-Ⅱ、USE-Ⅲ）具有更大的航程、作业深度和载荷能力, 形成了功能齐全的水下滑翔机装备谱系。

表 6-11　中船重工第七〇二研究所海翔系列水下滑翔机主要技术指标

序号	技术指标	指标参数	
		海翔	海翔 H
1	重量	小于 138 kg	小于 100 kg
2	最大作业水深	500 m	100 m
3	滑翔航速	0.5~1 kn	0.5~1 kn
4	动力推进航速	—	3.5 kn
5	连续工作时间	60 d	10 d
6	通信与定位	铱星通信+GPS 定位; 北斗通信定位+WIFI	
7	有效载荷能力	≥10 kg	≥5 kg
8	测量传感器	CTD、溶解氧、叶绿素等, 模块化搭载, 可选配高度计、声学传感器、水下摄像机	

图 6-10　中船重工第七〇二研究所海翔水下滑翔机

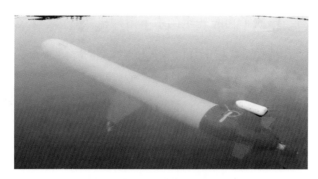

图 6-11　中船重工第七〇二研究所海翔 H 水下滑翔机

十一、中国海洋大学 OUC-I 声学水下滑翔机

中国海洋大学 OUC-I 声学水下滑翔机利用其净浮力和姿态角调整获得推进力，能源消耗极小，具有效率高、续航力大的特点（表 6-12，图 6-12）。该型水下滑翔机搭载矢量水听器，可大范围、远航程采集海洋环境背景噪声，并可对海中目标进行声学探测。

表 6-12　中国海洋大学 OUC-I 声学水下滑翔机主要技术指标

序号	指标项	指标参数
1	长度（含天线）	3.3 m
2	直径	240 mm
3	重量	80 kg
4	翼展	1 m
5	最大工作深度	1 500 m
6	最大滑翔速度	≥1 kn
7	续航能力	≥1 000 km
8	声压灵敏度	-200 dB（1 kHz）
9	声速灵敏度	-200 dB（1 kHz）
10	工作频带	10 Hz～5 kHz
11	测向精度	≤5°
12	电导率测量精度	±0.005 mS/cm
13	温度测量精度	±0.005℃

序号	指标项	指标参数
14	压力测量精度	±0.1%F. S.
15	可测范围	0.7~100 m
16	工作频率	200 kHz

图 6-12　中国海洋大学 OUC-I 声学水下滑翔机示意图

十二、天津海华技术开发中心蓝鲸系列水下滑翔机

天津海华技术开发中心蓝鲸系列水下滑翔机主要针对近海岸及温跃层环境观测而开发，具有机动性高、折返距离小、剖面密度大、搭载负载重、抗流能力强、自带能源多和使用更加广泛的优点（表6-13，图6-13）。蓝鲸系列水下滑翔机具有模块化可重构的机械电气设计，其柔性化设计的中间负载舱段可以根据客户需求定制加装相应的声、光、电等海洋科学传感器，其定制并使用的传感器有单通道水听器、溶解氧和 pH 传感器、滑翔机 CTD、GPS 波高仪、核剂量率传感器、核辐射量传感器和海洋浮游生物通量传感器等。

目前，蓝鲸系列水下滑翔机根据设计潜深等级不同系列化定型了"蓝鲸600""蓝鲸300""蓝鲸200""蓝鲸150""蓝鲸100"和"蓝鲸50"6 款水下滑翔机产品，并在东印度洋上升流观测、南海环境背景噪声监听、南海温跃层观测、西太平洋核监测和大亚湾水质及核监测等方面得到应用。

表 6-13　天津海华技术开发中心蓝鲸系列水下滑翔机主要技术指标

序号	指标项	指标参数
1	总排水量	58 kg

序号	指标项	指标参数
2	额定潜深	50~300 m
3	航程	>2 000 km
4	航行时间	>3 个月
5	速度	0.3~0.5 m/s

图 6-13　天津海华技术开发中心蓝鲸系列水下滑翔机示意图

第五节　主要搭载设备

　　水下滑翔机根据其载重能力和任务需要，可搭载多种类型的任务载荷，包含光学探测设备、声学探测设备、化学探测设备、磁探测设备、生态传感器等。例如：CTD、DVL、水听器、溶解氧传感器、叶绿素传感器、浊度计、光束衰减仪（BAM）、深度计，电导率计、回声测深仪、荧光仪、湍流传感器、辐射计、散射计、分光光度计等。

第六节　主要应用领域

　　水下滑翔机体积小、重量轻，续航力强，易于布放和操作，已广泛应用于世界各地的海洋调查、(极端)海洋环境观测、军事情报侦察、信息传输中继等领域，尤其在水下垂直剖面精细化观测方面前景广阔。目前，水下滑翔机可单台作业，也可基于混合编队梳状走航、基于位置保持的编队或基于综合立体组网开展观测。

其中，在基于混合编队梳状走航观测方案中，水下滑翔机搭载温盐传感器间隔距离 15 n mile，按梳状路径走航观测，采集 0~1 500 m 深度剖面温盐数据；在基于位置保持的编队观测方案中，主要以被测的海洋现象、事件或特定海域为中心，例如选择 3 个位置点，按等边三角形分布，设置 3 个位置点之间的距离初定为 15 n mile。将 3 台水下滑翔机的位置保持点分别设定在三角形的 3 个顶点上。剖面深度设置 800 m，连续进行长时间的协作观测，根据被测海洋现象或事件的变化速度适时进行跟踪观测和高频次快速剖面观测，采集特定海域时域数据信息。

2018 年天津大学在南海北部海域开展长航程水下滑翔机"海燕-L"应用测试（图 6-14）。在此次测试过程中，在 1 000 m 工作深度下水下滑翔机安全航行长达 141 d，续航航程达 3 619.6 km、连续剖面获取 734 个，将我国水下滑翔机的观测续航能力提升至 5 个月，"海燕"成为目前国内航时最久，航程最远，一次性采集剖面数据最多的水下滑翔机。

图 6-14　长航程水下滑翔机"海燕-L"应用测试示意图

此外，面向更大范围、更长时序的海洋观探测需求，为实现数十台以上水下滑翔机的协同作业和编队组网功能，拓展水下滑翔机单机的功能与性能局限，国内单位努力统一各型号水下滑翔机的控制、通信、数据存储等协议，在突破水下滑翔机的组网技术和协同编队技术的同时，还积极探索不同观测设备间组网观测技术，成功实践了水下滑翔机、波浪滑翔机和 Argo 浮标等不同移动观测设备的协同组网观测。图 6-15 给出了面向中尺度海洋涡旋的综合立体观测示意图。

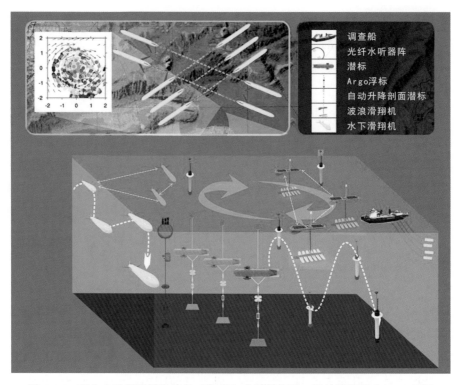

图 6-15　面向中尺度海洋涡旋的"海燕"水下滑翔机、波浪滑翔机和 Argo 浮标
等综合立体观测示意图

第七节　应用局限性

水下滑翔机尽管能源消耗极小、续航能力强，但航行速度慢、导航定位精度低，必须浮出水面进行通信，制约了水下滑翔机实时观测能力，特别是当水下滑翔机在敏感区域执行任务时，容易被捕获，降低了其隐蔽性和安全性。

第八节　应用评述

水下滑翔机可以按照划定的路线单独执行观测任务，也可以水下编队的形式，对特定海域执行监测和巡逻，作为海洋立体观测网中一种无动力移动观测平台，能够执行水下海洋要素的大范围、全剖面、长序列观测，弥补浮标和潜标观测的空白区域。目前，主要作为海底固定观测网的扩展观测手段以及补充观测手段，未来随着负载能力、能源技术和人工智能技术的进步，水下滑翔机将会成为海洋中尺度、次中尺度观测的重要技术手段。

第七章　自主水下潜航器

第一节　概述

自主水下潜航器（Autonomous Underwater Vehicle，AUV）是水下无人潜航器（Unmanned Underwater Vehicle，UUV）的典型代表。AUV 自带能源，摆脱了脐带缆的束缚与限制，在水下作战和作业方面更为机动灵活。目前，主要应用于海洋石油工程、海洋调查、水下侦察监视、反水雷等领域，在军事和民用领域均有着广泛的应用前景。

AUV 一般由推进装置、能源设备、导航设备、通信设备、电子设备、控制设备、避障设备、有效载荷等部分组成。其中，导航设备以惯性导航为主，但因其存在连续误差累积，长时间航行需要参考信息的校正，因此各国大量发展声波定位技术、水下地形导航技术、水下重力和磁力辅助导航技术，不断提高 AUV 的导航定位精度。此外，AUV 使用的主要能源为锂离子电池，随着技术的发展和对能量密度的更高要求，聚合物电池、燃料电池也获得了大量应用。

第二节　国内外现状与发展趋势

AUV 的研制始于 20 世纪 50 年代，早期主要用于水文调查、海上石油和天然气开发，海底武器打捞与灭雷等。20 世纪 80 年代末，随着计算机、人工智能、微电子等技术的突飞猛进，美国、日本、俄罗斯、英国、德国等建造了数百个 AUV，Bluefin、REMUS 等大批著名的产品研发成功并在扫雷、水下侦察等军事领域获得广泛应用。

我国 AUV 的研究起步较晚，前期主要集中在中国科学院沈阳自动化研究所、哈尔滨工程大学等少数高校和研究所。进入 20 世纪 90 年代，我国在水下潜航器技术领域获得了重大突破，1994 年、1995 年中国科学院沈阳自动化研究所分别联合国内中船重工七〇二所和俄罗斯相关单位联合研发了工作水深 1 000 m 的"探索者"号和工作水深 6 000 m 的 CR-01 型 AUV；2008 年，工作深度达到

6 000 m 的 CR-02 型 AUV 试验成功，标志着中国在自主水下潜航器技术和应用方面实现了新的跨越，达到世界先进水平；同时期，哈尔滨工程大学、华中理工大学、中船重工第七〇二研究所和中船重工第七〇九研究所共同研制成功的智水系列 AUV，可用于海域扫雷、自主巡航等，是我国军用 AUV 的先进代表。

第三节　主要分类

AUV 分类按直径可分为超大型、大型、中型和小型四类，其中超大型 AUV 直径超过 213 cm，大型直径为 53~213 cm，中型直径为 25~53 cm，小型直径为 7.6~25 cm。

第四节　主流产品

一、法国 Eca Hytec 公司 Alister18 Twin AUV

法国 Eca Hytec 公司 Alister18 Twin AUV 能够完成沿海海域水文调查、油气检测、水下结构检测、战争水雷识别、港口保护等任务，具有可盘旋移动、稳定性好、机动性高、检测准确度高等特点（表 7-1，图 7-1）。

表 7-1　法国 Eca Hytec 公司 Alister18 Twin AUV 主要技术指标

序号	指标项	指标参数
1	平台长	2.6~3.3 m
2	重量	490~620 kg
3	工作水深	300~600 m
4	最高航行速度	5 kn
5	自动航行时间	15 h

二、法国 Eca Hytec 公司 Alister27 AUV

法国 Eca Hytec 公司 Alister27 AUV 能够进行水文测量、高分辨率地震勘测、沉积物分析、国土安全与环境快速评估（REA）、情报收集、秘密侦察（RECCE）和水雷侦测等任务，具有高稳定性，安装部署方便，操作灵活等优势

（图 7-2）。

图 7-1　法国 Eca Hytec 公司 Alister18 Twin AUV 示意图

图 7-2　法国 Eca Hytec 公司 Alister27 AUV 示意图

三、美国 FSI 公司太阳能 AUV

美国 FSI 公司太阳能 AUV 采用可再生的太阳能提供设备载荷、推进和通信所需要的能量，载荷能力强大，可最深下潜 500 m，续航时间比一般 AUV 长，主要用于沿海或港口监控、水下设备数据接收等（表 7-2，图 7-3）。该 AUV 可在水面通过铱卫星或射频通信进行数据传输和完成充电，随后下潜进行预编任务。

表 7-2　美国 FSI 公司太阳能 AUV 主要技术指标

序号	指标项	指标参数
1	最大下潜深度	500 m
2	太阳能板面积	1 m²

续表 7-2

序号	指标项	指标参数
3	航行速度	1~2 kn
4	AUV 材料	玻璃纤维
5	电池容量	2 kWh
6	待机功率消耗	10 W
7	推进器功率	58~140 W
8	充电速度	0.4~0.7 kWh/d

图 7-3　美国 FSI 公司 SAUV Ⅱ 太阳能 AUV 示意图

四、美国 Bluefin 公司 Bluefin-21 AUV

美国 Bluefin 公司 Bluefin-21 AUV 是一种高度模块化的自主水下潜航器，能一次携带多种传感器和有效载荷，充足的电能保障在最大工作水深下也拥有较大的扩展性，同时拥有足够的灵活性，适合各种船舶进行布放回收操作（表 7-3，图 7-4）。

表 7-3　美国 Bluefin 公司 Bluefin-21 AUV 主要技术指标

序号	指标项	指标参数
1	直径	53 cm
2	长度	493 cm
3	空气中重量	750 kg
4	静浮力	-7.3 kg

续表 7-3

序号	指标项	指标参数
5	起吊点	1 个（位于 AUV 中部）
6	最大工作水深	4 500 m
7	续航力	25 h（标准负载和 3 kn 航速下）
8	航行速度	高达 4.5 kn
9	供电	9 块 1.5 kWh 耐压型锂聚合物电池包，共 13.5 kWh
10	推进器	万向涵道推进和控制系统
11	导航	实时准确度≤0.1%航行距离（CEP50） INS（惯性导航系统），DVL（多普勒海流计程仪）， SVS（服务段性能仿真）和 GPS，USBL（超短基线）
12	天线	集成 GPS、RF、铱星和频闪灯
13	通信	RF、铱星和水声通信，通过岸电电缆连接的以太网
14	安全系统	故障和泄漏检测，失重，水声应答器，频闪，RDF 和铱星 （所有模块独立供电）
15	软件	GUI——基于 Operator Tool Suite 软件
16	数据存储	4 GB 内存，另有额外数据存储空间
17	标准配置	EdgeTech 2200-M 120/410 kHz 侧扫声呐 （可选功能：EdgeTech 230/850 kHz 侧扫声呐） EdgeTech DW-216 浅地层剖面仪 Reson 7125 400 kHz 多波束测深仪

图 7-4　美国 Bluefin 公司 Bluefin-21 AUV 示意图

五、美国 Bluefin 公司 Bluefin-9 AUV

经过全新设计的美国 Bluefin 公司 Bluefin-9 AUV 长 241.8 cm，宽 23.8 cm，高 26.4 cm，重量 70 kg，可在 3 kn 的航速下航行 8 h，最高航速 6 kn，下潜深度达 200 m（图 7-5）。这款可双人携带的无人潜航器与更大型无人潜航器搜集数据能力相当，可以执行环境监测、水质检测、搜寻、安全、情报、监视和侦察及其他战术任务。

Bluefin-9 AUV 采用模块化设计和全碳纤维机身，其溢流架构简化了现场维护并最大限度地减少了操作停机时间，维护人员可在 30 min 内更换容量 1.9 kWh 的锂离子电池及数据存储模块（RDSM）。此外，该 AUV 集成高精度导航、高分辨率声呐和精密作业能力于一体，可在数分钟内形成精确数据（此前一般需数小时），并能搜集测深及水流、温度、盐度和浊度等环境数据。其中，多普勒计程仪（DVL）为挪威 Nortek 公司产品，可收集 30 m 范围的水流信息，从而结合惯性导航系统（INS）提供高精度导航（0.3%D. T. CEP 50）和地理参考数据；高分辨率声呐为英国 Sonardyne 公司 Solstice 多孔径声呐（MAS），其扫描范围为200 m，沿航线方向波束开角 0.15°，具有超高的分辨率。

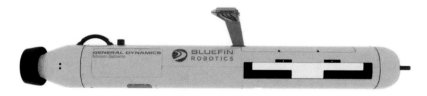

图 7-5　美国 Bluefin 公司 Bluefin-9 AUV 示意图

六、美国麻省理工学院 Odyssey IV AUV

美国麻省理工学院（MIT）水下机器人实验室研发的 Odyssey IV AUV 由 Odyssey IV Ⅱ 类 AUV 派生而来，具有平滑的流线型造型，尺寸相对较小，可下潜到极大的深度（表 7-4，图 7-6）。

表 7-4　美国麻省理工学院 Odyssey IV AUV 主要技术指标

序号	指标项	指标参数
1	尺寸（长×宽×高）	2.6 m×1.5 m×1.3 m
2	空气中重量	25 kg

序号	指标项	指标参数
3	有效载荷重量	20 kg 净重
4	能源类型	锂离子
5	储能	4.5 kWh
6	转发（浪涌）速度	2 m/s
7	垂直（升沉）速度	1 m/s
8	横向（摇摆）速度	0.5 m/s
9	下潜速度	200 m/min
10	深度	6 000 m

图 7-6　美国麻省理工学院 Odyssey IV AUV 示意图

七、美国 WHOI 研究所 ABE AUV

美国 WHOI 研究所 ABE AUV 主要用于深海海底观察，其特点是机动性好，能完全在水中悬停，或以极低速度进行定位、地形勘测和自动回坞等。该 AUV 长 2 200 mm，航行速度 2 kn，航程根据铅酸电池、碱性电池或锂电池类型不同为 12.87~193.08 km（表 7-5，图 7-7）。

表 7-5 美国 WHOI 研究所 ABE AUV 主要技术指标

序号	指标项	指标参数
1	操作范围	20~40 km（14~20 h）
2	能源	锂离子电池组（5 kWh）
3	静态消耗功率	<50 W
4	工作消耗功率	210~300 W（依据工作状态）
5	测量速度	0~1.4 kn（最大速度）
6	下降时间	1 000 m/h
7	标配传感器	压力传感器>4 500 m，姿态传感器（倾斜、翻转、上升），地质传感器

图 7-7 美国 WHOI 研究所 ABE AUV 示意图

八、美国 WHOI 研究所 REMUS 100 AUV

美国 WHOI 研究所 REMUS 100 AUV 是一款紧凑、轻重量、可在水深百米操作的水下无人潜航器。该 AUV 可配置各类标准的或客户指定的传感器和系统选项，以满足不同用户的任务需求（表 7-6，图 7-8）。目前，主要在水文调查、科学取样与制图、浅水域反水雷（VSW）、污染监测与监控、管道检测、海底搜寻和调查、国土安全、生物量调查和渔业作业等领域应用，获取可测量深度、温辐射、水流速度、盐度、声速、背向散射光、潜水员能见度、声呐图像、荧光等信息。

表 7-6　美国 WHOI 研究所 REMUS 100 AUV 主要技术指标

序号	指标项	指标参数
1	直径	19 cm
2	重量	37 kg
3	最大深度	328 m

图 7-8　美国 WHOI 研究所 REMUS 100 AUV 示意图

九、美国 WHOI 研究所 REMUS 600 AUV

美国 WHOI 研究所 REMUS 600 AUV 与 REMUS 100 AUV 拥有相同的成熟的软件和电子系统，但增加了有效载荷能力和更大的工作深度。该型 AUV 拥有全球定位系统，RDI 1.2 MHz 的 DVL，Kearfott IMU，声通信设备，且在深度 600 m 的情况下，在速度高达 5 kn 情况下有近 70 h 的续航力，其有效载荷的航程约达到 300 n mile（表 7-7，图 7-9）。

表 7-7　美国 WHOI 研究所 REMUS 600 AUV 主要技术指标

序号	指标项	指标参数
1	长度	3.6 m
2	重量	240 kg
3	续航时间	约 12 h
4	HF 频段	105 kHz，135 kHz，212 dB，2.54 cm×2.54 cm 分辨率
5	BB 带	10~52 kHz，205 dB，7.6 cm×7.6 cm 分辨率

图 7-9　美国 WHOI 研究所 REMUS 600 AUV 示意图

十、美国夏威夷大学 SAUVIM AUV

美国夏威夷大学 SAUVIM AUV 具有水下作业实时三维显示的可视化系统，搭载测深、温辐射、水流速度、盐度、声速、背向散射光、潜水员能见度、侧扫声呐成像、荧光等测量传感器（表 7-8，图 7-10）。

表 7-8　美国夏威夷大学 SAUVIM AUV 主要技术指标

序号	指标项	指标参数
1	尺寸（长×宽×高）	5.8 m×2.1 m×1.8 m
2	航速	3 kn
3	最大深度	6 000 m
4	续航力	5 km

图 7-10　美国夏威夷大学 SAUVIM AUV 示意图

十一、美国 Ocean Server 公司 Iver2 AUV

美国 Ocean Server 公司生产的 Iver2 AUV 是目前市场占有率较高的一款产品，主要有两个型号：Iver2-580-S 标准型 AUV 和 Iver2-580-EP 扩展型 AUV。Iver2 AUV 可以在海水和淡水中使用，其主要用途包括海洋勘探、环境监测、搜索和回收、调查和常规数据的收集等（表 7-9，图 7-11）。

表 7-9　美国 Ocean Server 公司 Iver2 AUV 主要技术指标

序号	指标项	指标参数
1	直径	14.7 cm
2	长度	140 cm ＊注意：根据配置而定
3	空气中的重量	21 kg ＊注意：根据配置而定
4	水中重量	1.2 kg
5	结构材料	碳纤维管
6	最大工作深度	100 m
7	功耗	600~800 W/h，锂电池供电，独特的设计使运输安全
8	续航力	速度为 2.5 kn 时工作超过 24 h
9	驱动	带有 Kort 喷嘴的直流无刷电机直接驱动
10	控制	4 个独立的鳍控制面，偏航、倾斜和自动侧滚校正 ＊鳍可替换，型号可大可小
11	命令控制	无线电盒子由电池供电，可选用 900 MHz 和 802.11 g 无线网络把任务传给潜器，潜器停在水中时可开始任务（远程桌面）和拷贝回传数据
12	导航	DVL 航程推算导航
13	集成传感器	深度（压力）、高度计（声学）、罗盘、漏水传感器
14	数据处理机	两个 Ocean Server 专门设计的 CPU，一个是 Intel ATOM 1.6 GHz，运行 Windows XP 操作系统，另外一个是辅助 CPU，主要用于用户的应用
15	硬盘容量	2 个 64 GB 固态驱动器
16	深度（压力）传感器	量程：0~100 m；误差：±0.1%F. S.
17	高度计	量程：0~100 m；误差：±0.2%量程

序号	指标项	指标参数
18	罗盘	具有三轴定向，包含航向、姿态参数； 航向测量准确度：0.5°，分辨率：不低于 0.1°； 俯仰和横滚测量准确度：1°（0°~60°范围）； 数据更新率：不低于 20 Hz； 支持真北数据及磁北数据输出
19	多普勒速度仪	海底跟踪深度：80 m；准确度：0.2%；测速量程：±9.5 m/s； 分辨率：0.1 m/s；具有跟踪设定水层的功能
20	水声 Modem	发射功率：小于 50 W；数据率：不小于 5 400 bps； 传输距离：不小于 1 km
21	电导率和温度传感器	电导率：测量量程：0~90 mS/cm； 准确度：0.005 mS/cm； 温度：测量量程：−5~45℃； 准确度：0.005℃
22	相机	彩色相机分辨率：720×480； 黑白相机分辨率：720×480
23	多波束声呐	波束数：120； 波束宽度：120°×3°； 距离分辨率：0.2%F.S.； 显示模式：提供扇形、线形、透视图、剖面图等； 扇形大小：可根据需要设置为 30°，60°，90°，120°； 量程：最大可达 100 m； 帧频：不小于 15 fps； 文件格式：有通用数据格式输出，数据可在其他笔记本上查看
24	备用套件	传动轴及其配套油脂等（2 套）； 控制面及其伺服系统（即尾翼片，1 个红色，3 个黄色）（4 片）； 易损坏的螺钉、螺栓等紧固件若干、O 形密封圈及其配套油脂； 专用的扳手、螺丝刀等

图 7-11 美国 Ocean Server 公司 Iver2 AUV 示意图

十二、英国 SOC 公司 Autosub AUV

英国 SOC 公司 Autosub AUV 预定程序任务，通过携带各种可更换传感器，执行收集海底到海表面的海洋数据等，具备进行不同专业数据收集和样品记录的能力；通过搭载惯性导航系统、300 kHz 俯仰式声学多普勒海流剖面仪、六自由度姿态控制和 GPS 接收机实现高精度导航定位（表 7-10，图 7-12）。

表 7-10 英国 SOC 公司 Autosub AUV 主要技术指标

序号	指标项	指标参数
1	尺寸（长×宽）	7 m×0.9 m
2	航速	3 kn
3	续航力	500 km/144 h

图 7-12 英国 SOC 公司 Autosub AUV 示意图

十三、加拿大 ISE 公司 Arctic Explorer AUV

加拿大 ISE 公司 Arctic Explorer AUV 是可从船上或冰孔发射的一款自主水下潜航器，其模块化设计可以实现运输，搭载有控制电脑、速度传感器、深度传感器、高度传感器、声学通信及应急设备等，独特的可变压载系统，使得该装备可在任务期间停放在海底或在冰面下部（表 7-11，图 7-13）。

表 7-11　加拿大 ISE 公司 Arctic Explorer AUV 主要技术指标

序号	指标项	指标参数
1	尺寸（直径×长度）	0.74 m×7 m
2	重量	2 200 kg
3	工作范围	450 km
4	工作时间	80 h
5	运动速度	0.5~2.5 m/s，巡航速度 1.5 m/s
6	最大工作深度	5 000 m

图 7-13　加拿大 ISE 公司 Arctic Explorer AUV 示意图

十四、瑞典 SAAB 公司 AUV62 AUV

瑞典 SAAB 公司 AUV62 AUV 由瑞典国防装备管理局、瑞典国防研究所、萨伯公司共同研发，AUV62-MR 潜航器由任务计划和分析单元（MPAU）、电池和充电系统、仪表着陆系统以及布放和回收系统组成（表 7-12，图 7-14）。瑞典国防装备管理局称瑞典军队已经在潜艇探测演习中测试了 AUV62 的性能，当 AUV62 处于反水雷模式时，将装备合成孔径声呐对水雷进行精确定位；当处于反潜模式时，AUV62 则利用声呐回波和噪声信息共同对目标进行定位。目前，AUV62 AUV 能够以 4 节的速度航行 20 h，未来采用燃料电池可获得更长的续航时间，则可以水下模式同母船一起离开港口。

表 7-12　瑞典 SAAB 公司 AUV62 AUV 主要技术指标

序号	指标项	指标参数
1	尺寸	总长度 4~7 m，直径 53 cm
2	最大深度评级	约 500 m
3	工作速度	0 ~20 kn
4	定位准确度	一般 <±5 m
5	覆盖区域	2.5~20 km^2/h
6	声呐分辨率	优于 4 cm×4 cm（实际）
7	扫描宽度	2 m×200 m（高分辨率），2 m×400 m（REA）

图 7-14　瑞典 SAAB 公司 AUV62 AUV 示意图

十五、瑞典 SAAB 公司 Double Eagle Mk Ⅱ／Ⅲ AUV

瑞典 SAAB 公司 Double Eagle Mk Ⅱ／Ⅲ AUV 可作为潜艇的武器或补充军备，

由水雷侦察系统和测绘系统装置组成，具有设备新、灵活性好和生命周期成本低等特点（表7-13，图7-15）。

表7-13 瑞典SAAB公司Double Eagle Mk Ⅱ/Ⅲ AUV主要技术指标

序号	指标项	指标参数
1	尺寸（长×宽×高）	2.2 m×1.3 m×0.5 m
2	空气中重量	约360 kg，水中重量可调，通常略有正浮力
3	操作深度	500 m
4	速度	>6 kn，0.7 n mile 横向，0.4 n mile 垂直，6 kn 上升/下降
5	推进	2个5 kW 无刷电机，约2 500 N 向前的推力，6个0.4 kW 无刷电机
6	相机	外部彩色 CCD
7	声呐	电子扫描声呐
8	传感器	3个速率陀螺，1个磁通门罗盘，1个深度传感器，4个泄漏传感器，1个速度记录和1个高度表

图7-15 瑞典SAAB公司Double Eagle Mk Ⅱ/Ⅲ AUV 示意图

十六、丹麦ATLAS Maridan ApS公司Sea Otter Mk Ⅱ AUV

丹麦 ATLAS Maridan ApS 公司 Sea Otter Mk Ⅱ AUV 是通过结构、推进、能源、通信、导航和有效载荷的有关模块化方法而为各种军事和商业目的制造的水下机器人（表7-14，图7-16）。该装备主要由 MARPOS 惯性导航系统（INS）、多普勒记录（DVL）、差分全球定位系统、CTD、Klein 2000 侧扫声呐、Reson 8125 多波束测深仪和浅地层剖面仪等设备组成。其主要任务包括：水雷探测及处理、秘密情报监视和侦察、快速环境评估、海床制图和水文调查等。

表 7-14　丹麦 ATLAS Maridan ApS 公司 Sea Otter Mk Ⅱ AUV 主要技术指标

序号	指标项	指标参数
1	尺寸（长×宽×高）	3.45 m×0.98 m×0.48 m
2	重量	1 100 kg
3	速度	0.0~8 kn
4	最佳测试速度	4 kn
5	流速	3 kn
6	转弯半径	<10 m（4 kn）
7	最大操作深度	600 m
8	操作深度	5~600 m
9	续航时间	24 h

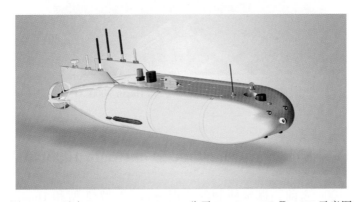

图 7-16　丹麦 ATLAS Maridan ApS 公司 Sea Otter Mk Ⅱ AUV 示意图

十七、挪威 Konsberg Maritime 公司 Hugin 3000 AUV

挪威 Konsberg Maritime 公司 Hugin 3000 AUV 使用铝氧燃料电池，可下潜深度 3 000 m，并可以 4 kn 的航速续航 45 h（表 7-15，图 7-17）。其导航系统的主要装置包括惯性导航、多普勒声速仪搭配超短基线的声波定位、差分式卫星天线。在侦搜/调查仪器应用方面，Hugin 3000 配有多声束系统、侧扫声呐及海底地层剖面仪等仪器。

表 7-15　挪威 Konsberg Maritime 公司 Hugin 3000 AUV 主要技术指标

序号	指标项	指标参数
1	尺寸（长×宽×高）	5.50 m×1.00 m×1.00 m
2	重量	1 400 kg
3	航速	4 kn
4	最大深度	3 000 m
5	续航力	440 km/60 h

图 7-17　挪威 Konsberg Maritime 公司 Hugin 3000 AUV 示意图

十八、挪威 Konsberg Maritime 公司 Hugin 1000 AUV

在 Hugin 1000 之前，挪威研制的民用 Hugin 1 型/2 型和 Hugin 3000 型已博得国际水下探测业界的肯定。Hugin 1 型承担着军用试验型的任务。Hugin 1000 就是在 Hugin 1 型和 Hugin 3000 型的基础上研制的新型无人水下潜航器，也是新一代的水雷侦察系统。Hugin 1000 型与 Hugin 3000 型外观相似，只是长度和直径略小，头部为水滴形，主体呈圆柱状，圆锥形尾部装有"十字形"舵叶和螺旋桨。流线型的器体有利于其在水下航行。Hugin 1000 型采用惯性导航系统和差分 GPS 系统及声定位系统（包含先进的水深测量装置、多普勒计程仪、压力计和回声测深仪等），确保无人水下航行器的正确航行和定位（表 7-16，图 7-18）。

表 7-16 挪威 Konsberg Maritime 公司 Hugin 1000 AUV 主要技术指标

序号	指标项	指标参数
1	重量	850 kg
2	尺寸（长×宽×高）	4.5 m×0.75 m×0.75 m
3	航速	3~4 kn
4	最大深度	1 000 m
5	续航力	24 h

图 7-18 挪威 Konsberg Maritime 公司 Hugin 1000 AUV 示意图

十九、日本东京大学 URA 实验室 R1 AUV

日本东京大学 URA 实验室 R1 项目目标是建立一个长续航时间、在水下能够自主航行的 R1 AUV（表 7-17，图 7-19）。

机器人可以连续运行一天而不终止其任务。该系统调查海底山脊系统可在海底附近进行 CTDO（盐度、水温、溶解氧）测量，尤其是当温度等出现异常时，该系统可以用于详细的研究。R1 自主水下航行器同样适合用于重力场的调查。

表 7-17 日本东京大学 URA 实验室 R1 AUV 主要技术指标

序号	指标项	指标参数
1	总长	8.27 m
2	主船体直径	1.15 m

序号	指标项	指标参数
3	总高度	2.02 m
4	重量	4.35 t
5	水平翼展跨度	1.80 m
6	液体负载空间	600 L
7	控制电脑	PEP-9000, VM40, 2×MC68040, 25 MHz
8	CCDE	60 kWh, 280 VDC
9	基础引擎	YNAMAR 3TN66E, 最大输出 5 kW
10	惯性导航系统	激光陀螺仪
11	多普勒声呐	1 MHz,（2~30 m）
12	前置声呐	275 kHz
13	后置声呐	375 kHz
14	声学通信	20 kHz

图 7-19　日本东京大学 URA 实验室 R1 AUV 示意图

二十、日本 JAMSTEC "浦岛" 号 AUV

日本 JAMSTEC "浦岛" 号深海 AUV 由 JAMSTEC 于 1998 年开始研发, 于 2005 年成功完成了 317 km 的连续巡航。该 AUV 能够确定自己的位置, 按照机载计算机预先定义路径运动, 可以在一个特定的固定位置或在定义狭窄的道路或区域上下运动进行调查。"浦岛" 号深海 AUV 搭载物理测量设备及深海海底研究设备，其中物理测量设备包括自动水质采样器（用于测量 CO_2）、CTDO（盐度、水温、溶解氧）等；深海海底研究（地震研究等）包括高灵敏度数字相机、侧扫声呐、浅地层探查器、多波束回声测深仪等。该 AUV 能够自动收集海洋学数据（如盐度、水温和溶解氧）；也可沿着海底巡航，获得超高分辨率海底地形和海底结构（表 7-18，图 7-20）。

表 7-18　日本 JAMSTEC "浦岛" 号 AUV 主要技术指标

序号	指标项	指标参数
1	外形尺寸（长×宽×高）	10 m×1.3 m×1.5 m
2	重量	约 7 t（与锂离子电池）；约 10 t（与燃料电池）
3	最大工作深度	3 500 m
4	巡航距离	100 km 以上（锂离子电池）；超过 300 km（燃料电池）
5	速度	3 kn（最大 4 kn）
6	电源	锂离子电池或燃料电池
7	操作	自动或声遥控器（无线，从支援舰操作）

图 7-20　日本 JAMSTEC "浦岛" 号 AUV 示意图

二十一、中国科学院沈阳自动化研究所 "探索者" 号 AUV

中国科学院沈阳自动化研究所 "探索者" 号 AUV 是我国第一台无缆自主水下机器人，其研制成功标志着我国水下机器人研究逐步向深海发展，可应用于海洋测量、失事船只救助调查、海洋科学考察等（表 7-19，图 7-21）。

表 7-19　中国科学院沈阳自动化研究所"探索者"号 AUV 主要技术指标

序号	指标项	指标参数
1	工作水深	1 000 m
2	最大航速	4 kn
3	续航能力	6 h
4	横向抗流能力	1 kn
5	侧移速度	1 kn
6	回收海况	4 级
7	下潜速度	0.5 kn
8	携带能源	充油铅酸电池

图 7-21　中国科学院沈阳自动化研究所"探索者"号 AUV 示意图

二十二、中国科学院沈阳自动化研究所 CR-01 AUV

CR-01 AUV 由中国科学院沈阳自动化研究所为主要研制单位，采取国际、国内合作的方式于 1993 年开始研制，它是我国第一台深海（6 000 m 级）自主水下机器人，可应用于海底资源调查、海洋学调查（表 7-20，图 7-22）。它的研制成功使我国成为世界上拥有此项技术和设备的少数几个国家之一。

表 7-20　中国科学院沈阳自动化研究所 CR-01 AUV 主要技术指标

序号	指标项	指标参数
1	外形尺寸	直径 0.8 m，长 4.32 m
2	重量	1 250 kg

序号	指标项	指标参数
3	工作水深	6 000 m
4	最大航速	2 kn
5	续航能力	10 h

图 7-22　中国科学院沈阳自动化研究所 CR-01 AUV 示意图

二十三、中国科学院沈阳自动化研究所 CR-02 AUV

中国科学院沈阳自动化研究所 CR-02 AUV 是在 "CR-01" 的基础上于 2000 年研制成功的新型深海自主水下机器人，其主要应用目标是太平洋海底火山区资源调查，也可应用于复杂地形下的海洋调查，包括深海考察、水下摄影、照相、海底地势及剖面测量、水文物理测量、深海多金属结核勘查、深海钴结壳调查等（表 7-21，图 7-23）。

表 7-21　中国科学院沈阳自动化研究所 CR-02 AUV 主要技术指标

序号	指标项	指标参数
1	外形尺寸	直径 0.8 m，长 4.5 m
2	重量	1 400 kg
3	工作水深	6 000 m
4	最大水下速度	2.5 kn
5	连续水下录像时间	5 h
6	续航能力	>10 h
7	定位准确度	10 m
8	拍摄照片量	3 000 张

图 7-23　中国科学院沈阳自动化研究所 CR-02 AUV 示意图

二十四、中国科学院沈阳自动化研究所潜龙系列 AUV

中国科学院沈阳自动化研究所在原有深海 AUV 和长航程 AUV 的技术基础上，开发了潜龙系列 AUV，包括："潜龙一号" AUV、"潜龙二号" AUV、"潜龙三号" AUV 和 "潜龙四号" AUV（表 7-22，图 7-24）。潜龙系列 AUV 是我国具有自主知识产权的深海资源探测装备，拥有总体集成、深海导航与定位、高智能控制、深海探测、多声学设备协调、布放回收等多项关键技术，其工作水深 4 500~6 000 m，集微地形地貌探测、海底照相、水体探测等多种探测手段于一体，可完成多金属结核、富钴结壳、多金属硫化物、天然气水合物等多种深海资源的精细勘查，标志着我国深海资源勘查装备已达到实用化水平，我国 AUV 技术及产品跨入了国际先进行列。截至 2020 年 5 月 1 日，潜龙系列 AUV 已经在中国大洋 29 航次、32 航次、40 航次、43 航次、49 航次、52 航次、57 航次和 58 航次中成功下潜 79 次，获得了大量的深海资源探测成果。

"潜龙一号" 是中国大洋协会为有效履行与国际海底管理局签署的多金属结核勘探合同，委托中国科学院沈阳自动化研究所，联合中国科学院声学研究所、哈尔滨工程大学等单位共同研制的。它是我国具有自主知识产权的首台深海实用型 6 000 m AUV 装备，以海底多金属结核资源调查为主要目的。于 2013 年和 2014 年两次在我国多金属结核合同区完成调查任务。

"潜龙二号" 是由中国大洋矿产资源研究开发协会负责总体，由中国科学院沈阳自动化所作为技术总师单位，联合国内优势单位研制完成的 4 500 米级深海资源自主勘查系统，主要用于深海热液多金属硫化物的探测。2016 年、2017 年、

2018 年和 2020 年分别参加了中国大洋 40 航次、43 航次、49 航次和 52 航次，获得大量海底地形、磁力、水体等精细数据，为该海域海底矿区资源评估奠定了科学基础，成为硫化物矿区资源探测重要且有效的深海装备。此后，中国科学院沈阳自动化研究所又在"潜龙一号"和"潜龙二号"的基础上，开发了国产化的工程产品"潜龙三号"和"潜龙四号"。

表 7-22　中国科学院沈阳自动化研究所潜龙系列 AUV 主要技术指标

序号	指标项	"潜龙一号"	"潜龙二号"	"潜龙三号"	"潜龙四号"
1	最大航行深度	6 000 m	4 500 m	4 500 m	6 000 m
2	直径	0.8 m	宽度：0.71 m，高度：1.30 m	宽度：0.71 m，高度：1.30 m	0.76 m
3	长度	4.6 m	3.46 m	3.46 m	4.75 m
4	空气中质量	小于 1 500 kg	小于 1 500 kg	小于 1 500 kg	小于 1 500 kg
5	续航力	30 h@2 kn	36 h@2 kn	48 h@2 kn	48 h@2 kn
6	最大速度	2.3 kn	2.8 kn	2.8 kn	3 kn
7	导航定位方式	INS＋DVL＋GPS，可融合长基线定位和超短基线定位系统	INS＋DVL＋GPS，可融合长基线定位和超短基线定位系统	INS＋DVL＋GPS，可融合超短基线定位系统	INS＋DVL＋GPS，可融合超短基线定位系统
8	天线	无线电、GPS、铱星	无线电、GPS、铱星	无线电、GPS、铱星	无线电、GPS、铱星
9	通信	无线电、铱星、声通信机、无线网络	无线电、铱星、声通信机、无线网络	无线电、铱星、声通信机、无线网络	无线电、铱星、声通信机
10	搭载载荷	测深侧扫声呐、浅剖、照相机、CTD、溶解氧、pH 值、氧化还原电位、浊度计	测深侧扫声呐、照相机、CTD、溶解氧、pH 值、氧化还原电位、浊度计、磁力仪、甲烷	测深侧扫声呐、照相机、CTD、溶解氧、pH 值、氧化还原电位、浊度计、磁力仪、甲烷	测深侧扫声呐、照相机、摄像机、CTD、溶解氧、pH 值、氧化还原电位、浊度计、磁力仪、甲烷

图 7-24　中国科学院沈阳自动化研究所潜龙系列 AUV 示意图

二十五、中国科学院沈阳自动化研究所长航程 AUV

长航程 AUV 是在掌握深海系列自主水下航行器技术的基础上，由中国科学院沈阳自动化研究所于 2010 年自主研发成功，表明我国水下机器人技术自主创新能力达到了一个新水平，具备了自主研究、开发长航程 AUV 产品能力（图 7-25）。该型长航程 AUV 可连续航行数十小时、续航能力达数百千米，多次刷新了我国 AUV 单次下水航行时间和航行距离的纪录，它代表了当前我国长航程 AUV 的最高水平，总体技术已达到国际先进水平。

图 7-25　中国科学院沈阳自动化研究所长航程 AUV 示意图

二十六、中船重工第七一○研究所 Merman200 AUV

中船重工第七一○研究所 Merman200 轻型 AUV 携带侧扫声呐、CTD 等设备，可对水下目标、地形地貌、水文参数等进行精确测量（表 7-23，图 7-26）。

表 7-23　中船重工七一○研究所 Merman200 AUV 主要技术指标

序号	指标项	指标参数
1	尺寸（直径×长）	324 mm×3 000 mm
2	重量	约 45 kg
3	最大航速	6 kn
4	续航能力	约 20 h（4 kn）
5	最大工作深度	200 m
6	导航精度	0.4%CEP
7	探测设备	小型侧扫声呐（2200 型）

图 7-26　中船重工七一○研究所 Merman200 AUV 示意图

二十七、中船重工第七一○研究所 Merman300 AUV

中船重工第七一○研究所 Merman300 AUV 携带前视声呐、侧扫声呐、CTD 等设备，可对水下目标、地形地貌、水文参数等进行精确测量（表 7-24，图 7-27）。

表 7-24　中船重工第七一○研究所 Merman300 AUV 主要技术指标

序号	指标项	指标参数
1	尺寸（直径×长）	533 mm×7 000 mm
2	重量	约 1 400 kg

续表 7-24

序号	指标项	指标参数
3	最大航速	6 kn
4	续航能力	不小于 400 km（4 kn）
5	最大工作深度	300 m
6	海况适应性	3 级
7	导航精度	0.4% CEP
8	探测设备	前视声呐、侧扫声呐、CTD

图 7-27　中船重工第七一〇研究所 Merman300 AUV 示意图

二十八、中船重工第七一〇研究所投巨型 AUV

中船重工第七一〇研究所投巨型 AUV 具有航程远、定位准、载荷大的优点，可用于水下物资运载、能源补给等（表 7-25，图 7-28）。

表 7-25　中船重工第七一〇研究所投巨型 AUV 主要技术指标

序号	指标项	指标参数
1	尺寸（直径×长）	1 200 mm×18 000 mm
2	重量	约 14 000 kg
3	最大航速	8 kn
4	最大工作深度	200 m
5	无线电通信	10 km

序号	指标项	指标参数
6	卫星通信	北斗
7	导航精度	0.5%CEP
8	抗流	3 kn

图 7-28　中船重工第七一〇研究所投巨型 AUV 示意图

二十九、中船重工第七〇二研究所深海双功能 AUV

中船重工第七〇二研究所设计研发了新型深海双功能 AUV——"USE-X"，采用扁平构型及可变滑翔翼和可开合推进器等新技术，具有大范围滑翔巡航探测和区域性精确搜索两种作业功能，最大作业深度 2 000 m，最大续航里程 1 500 km，采用 DVL+光纤组合惯导，载荷能力强，可搭载侧扫声呐、测高声呐、水听器、CTD 等多种作业仪器，执行深海探测搜索等作业任务（表 7-26，图 7-29）。

表 7-26　中船重工第七〇二研究所 USE-X AUV 主要技术指标

序号	指标项	指标参数
1	重量	小于 500 kg
2	最大工作深度	2 000 m
3	最大滑翔航速	2 kn
4	最大推进航速	6 kn

续表 7-26

序号	指标项	指标参数
5	最大航程	1 500 km
6	探测设备	侧扫声呐、测高声呐、水听器、CTD 等，可扩展

图 7-29　中船重工第七〇二研究所深海双功能 AUV 示意图

三十、杭州应用声学研究所 ZQQ 型 AUV

杭州应用声学研究所与中船重工第七〇五研究所联合研制的 ZQQ 型 AUV 是一款功能完全模块化的自主水下潜航器，该潜航器具有大潜深、长续航的能力，能够在最大潜深 1 000 m 进行声学探测，3 kn 航速下连续航行 38 h。此外，该 AUV 采用模块化的思想设计，各部件采用通用的机械及电气接口，可以搭载中船重工第七一五研究所研制的标准化侧扫声呐、多波束声呐、水声通信声呐等设备，开展海底地形地貌测量、资源勘探、水下物体搜索、水文环境调查等（表 7-27，图 7-30）。

表 7-27　杭州应用声学研究所 ZQQ 型 AUV 主要技术指标

序号	指标项		指标参数
1	CTD	电导率	0~70 mS/cm
		电导率精度	±0.01 mS/cm
		温度	−5~35℃
		温度精度	±0.002℃
		深度	1 000 m
		深度精度	±0.05%

续表 7-27

序号	指标项		指标参数
2	航行记录仪		能记录航行过程中所有航行动作及传感器数据
	多普勒计程仪	探测深度	50~80 m
		海底跟踪深度	400 m
		测流精度	0.4%V±2 cm/s（V 测量值）
3	水声通信声呐	通信速率	2~4 kbps（高速率模式） 50~400 bps（低速率模式）
		最大工作距离	5 km
4	多波束声呐	工作频率	(200°±1.5°) kHz
		波束数	128 个
		探测范围	150°×3° 扇形波束
		地形探测精度	10 cm±0.5%×水深
5	侧扫声呐	工作频率	(200°±1.5°) kHz
		波束数	16 个，左右各 8 个
		探测范围	60°×3° 扇形波束
		作用距离	100 m
		侧扫条带宽度	8 倍作用距离
6	规格尺寸	空气中重量	470 kg 左右 （根据搭载设备而定）
		水中重量	5 kg
		尺寸	350 mm×4 700 mm （根据搭载设备而定）
7	航程	最大航程	200 km
		最大航速	5 kn
		续航能力	3 kn 速度下 38 h
8	硬件	通信及输出	以太网（1 000 Mbps）
9	软件		显示控制软件
10	环境要求	工作温度	0~50℃
		存储温度	-40~85℃
		耐压深度	1 000 m

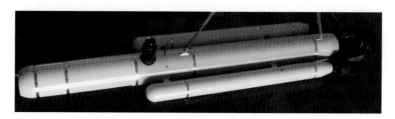

图 7-30　杭州应用声学研究所 ZQQ 型 AUV 示意图

三十一、天津市海华技术开发中心小型 AUV

天津市海华技术开发中心小型 AUV 主要特点是可根据观测任务的需要，搭载所需要的观测仪器，按照用户设定的航线自主进行垂直梯形剖面走航测量；此外，还能在预定地点（如军事上需要调查的特定海区、重大自然灾害海区、海洋环境污染海区）开展实施观测，各种军事目的海上作战环境保障及其完成定点坐底连续测量后自动上浮返航；测量数据通过卫星和网络传送到用户。

小型 AUV 可以扩大调查的范围，获取定点、走航、连续、实时、高密集观测资料，提高获取海洋动力环境数据的质量与数量，解决特殊海区实时观测资料的匮乏问题，与传统的观测技术相比具有调查范围广、观测密度高、观测成本低、完全自动化、高度机动性，以及面向用户需求的灵活性。在海洋资源开发、海洋科学调查研究、防灾减灾以及国防建设等方面，具有重要的工程价值和广泛的应用前景（表 7-28，图 7-31）。

表 7-28　天津市海华技术开发中心小型 AUV 主要技术指标

序号	指标项	指标参数
1	定位精度	水平面内 200 m
2	航行速度	2~5 kn
3	下潜最大水深	100 m
4	巡航半径	70 km
5	坐底观测时间	72 h
6	流速量程	±4 m/s
7	流速准确度	±1%或±0.5 cm/s
8	流向量程	0°~360°
9	流向准确度	±5°

续表 7-28

序号	指标项	指标参数
10	温度量程	-2~35℃
11	温度准确度	±0.005℃
12	电导率量程	0~65 mS/cm
13	电导率准确度	±0.005 mS/cm

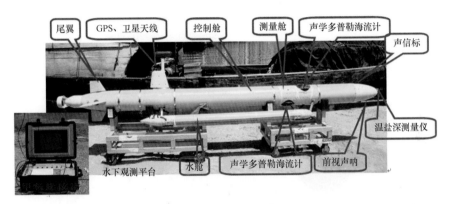

图 7-31　天津市海华技术开发中心小型 AUV 示意图

三十二、天津大学大型勘察 AUV

天津大学研发的大型勘察 AUV 可用于不同水深，可执行管线漏油调查、海底目标搜寻、钻井支援、海底施工检测、救生与打捞等综合水下任务；具有执行任务种类多、活动范围广、机动性强、平台运行稳定安全、可搭载多种专业水下勘察传感器等优点（表 7-29，图 7-32）。

表 7-29　天津大学大型勘察 AUV 主要技术指标

序号	指标项	指标参数
1	尺寸	总长 5.34 m，直径 533 mm
2	重量（本体）	730 kg
3	最大航速	4 kn
4	工作深度	2 400 m
5	航程	150~200 km

续表 7-29

序号	指标项	指标参数
6	可搭载传感器	多波束测深仪、侧扫、浅剖、DVL、前视声呐、高度计、深度计、浊度计、声通设备、叶绿素传感器、甲烷传感器、CO_2 传感器等
7	回收方式	滑坡式布放回收系统（LARS）

图 7-32　天津大学大型勘察 AUV 示意图

三十三、天津大学中型巡查 AUV

天津大学中型巡查 AUV 主要通过搭载基本的海底勘查和海洋调查任务传感器，在中浅水域开展海底搜索、管道巡查（发现管道的掩埋、悬空、泄漏等破损情况）等任务，也可以用于一般的勘查和海洋调查任务。该 AUV 装有变浮力装置，用以精确调节在水下的浮力，从而提升航行性能和效率；此外，相比大型 AUV 而言，具有体积重量适中，作业和维护性能好等优点（表 7-30，图 7-33）。

表 7-30　天津大学中型巡查 AUV 主要技术指标

序号	指标项	指标参数
1	尺寸	总长 5.5 m，直径 533 mm
2	重量（本体）	700 kg

续表 7-30

序号	指标项	指标参数
3	最大航速	4 kn
4	工作深度	500 m
5	导航方式	INS+DVL+GPS
6	航程	150~200 km
7	可搭载传感器	多波束测深仪、侧扫、浅剖、ADCP、CTD

图 7-33　天津大学中型巡查 AUV 示意图

三十四、中科探海海洋科技有限公司精灵 P200 AUV

中科探海海洋科技有限公司精灵 P200 AUV 配置新型推进系统、高精度多波束测深仪、高分辨率合成孔径成像声呐、高精度自主导航系统，满足海底管线跟踪检查、海底地形地貌测绘、海底小目标探查等多类使命任务要求。可由双人便携操作，具备智能避障和在线任务规划能力及其水面无线遥控、光纤遥控和自主工作等多种作业模式。整个机器人系统在结构、控制、软件上均采用了模块化设计技术，便于功能扩展和模块更换。产品的核心部件（声学成像系统、新型推进系统、声学同步控制器、自动驾驶仪、微小型千兆网络交换机、能源推进节点控制器等）均为自主知识产权产品（表 7-31，图 7-34）。

表 7-31　中科探海海洋科技有限公司精灵 P200 AUV 主要技术指标

序号	指标项	指标参数
1	外形尺寸	长 1.8 m，直径 0.20 m
2	最大航行深度	300 m

续表 7-31

序号	指标项	指标参数
3	航速	1~6 kn
4	续航力	8 h@ 3 kn
5	自主导航精度	绝对速度推算下误差不大于0.3%航程（CEP）
6	有源校准点	航路上任意点设定
7	校准源	GPS/GLONASS /北斗
8	能源	二次锂离子电池

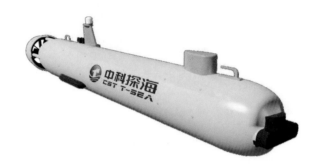

图 7-34　中科探海海洋科技有限公司精灵 P200 AUV 示意图

三十五、中科探海海洋科技有限公司精灵 E200 AUV

中科探海海洋科技有限公司精灵 E200 AUV 是一款面向教育科研类的产品。该产品配置有前后垂向和水平槽道推进器，以及主推进器，可实现水下悬停定位、精确轨迹控制等功能。该产品并配有单波束机械扫描声呐和高清水下摄像机，满足用户运动控制，声学和光学图像采集、处理、跟踪、定位等研究科目。该产品在结构、控制、软件上均采用模块化设计，可方便实现模块更换，扩展应用研究（表 7-32，图 7-35）。

表 7-32 中科探海海洋科技有限公司精灵 E200 AUV 主要技术指标

序号	指标项		指标参数
1	图像处理	水下摄像机及其处理	配有专用的计算机处理系统，能够实时采集水下摄像机图像，提供视觉图像软件接口
		前视声呐及其处理	配有专用的计算机处理系统，能够实时采集声呐图像，提供声呐图像软件接口
2	物理特性	直径	200 mm
		长度	≤2.2 m
		重量	≤65 kg
3	最大航速		2.5 kn
4	续航时间		6 h
5	最大工作深度		200 m
6	通信距离	水面	≥3 km（采用无线数传通过方式）
		水下	500 m（采用光纤通信方式）

图 7-35 中科探海海洋科技有限公司精灵 E200 AUV 示意图

三十六、中科探海海洋科技有限公司精灵 M200 AUV

中科探海海洋科技有限公司精灵 M200 AUV 是一款打破传统水下市场的自主水下机器人产品。该产品具有性价比极高、操作简易、灵活性和扩展性高等特点，既可通过搭载各种小型声学载荷实现水下探查，又可搭载水声通信设备实现"蜂群"作业。此外,该产品还提供开放硬件接口和开源控制系统软件,便于开展机器人在智能传感、路径规划、运动控制、故障诊断、集群协作等研究项目(表7-33,图7-36)。

表7-33 中科探海海洋科技有限公司精灵M200 AUV主要技术指标

序号	指标项	指标参数
1	外形尺寸	长1.0 m,直径0.12 m
2	最大航行深度	200 m
3	最大航速	4 kn
4	续航力	8 h@3 kn

图7-36 中科探海海洋科技有限公司精灵M200 AUV示意图

三十七、哈尔滨工程大学全海深AUV

哈尔滨工程大学全海深AUV("悟空")是一款无人、无缆潜水器,具有作业范围广、机动性强、对母船依赖小的优势,具备在海洋最深处(11 000 m)进行自主作业的能力。该全海深型AUV具有非金属耐压壳体、承压天线、无动力潜浮、自主控制、水下定高悬停、水下定高航行、单信标定位、远距高速水声通信、多功能冗余抛载、深海采水器、水下视频采集与压缩存储等关键技术。该AUV长2.02 m、宽1.25 m、高2.76 m(含天线)、重1.3 t,与其他回转体AUV外形不同,"悟空"形状像个巨型的木糖醇口香糖,外形满足节能、高效的要求,减少下潜和水下航行阻力,可以完成全海深AUV长距离的垂直和水平运动(图7-37)。

图 7-37　哈尔滨工程大学全海深 AUV 示意图

三十八、哈尔滨工程大学星海-100 智能 AUV

哈尔滨工程大学星海-100 智能 AUV 采用模块化可扩展应用设计，具有体积小、重量轻、成本低、布放回收方便，机动能力强、隐蔽性好，生存能力强等特点，具有自主规划、自主航行能力，可自主完成环境感知、目标探测等任务，执行任务过程中无须人员过多操作，摆脱了常规缆控无人装备对人的过度依赖，适用于不同的任务和应用需求，在水底地貌测量、水下目标搜索定位、海洋环境监测、水文调查、辅助打捞救生和渔业资源调查等领域有广泛的应用前景，特别适用于近岸浅水区域作业（表 7-34，图 7-38）。

表 7-34　哈尔滨工程大学星海-100 智能 AUV 主要技术指标

序号	指标项	指标参数
1	主尺度	长 2.5 m
2	空气中重量	100 kg
3	最大工作水深	100 m
4	最大航速	7 kn
5	续航力	40 h@2 kn
6	导航精度	航行距离的 3%（CEP）
7	工作环境温度	0~40℃
8	推进与操纵	尾部直流电机+螺旋桨推进，尾部"十"字形布置舵翼操纵
9	能源	锂电池

序号	指标项	指标参数
10	通信	铱星、水声通信、光纤缆、无线电（选配）、WiFi（选配）
11	导航	光纤惯导、GPS、DVL、深度计、高度计、北斗（选配）、USBL（选配）
12	控制能力	具备无线电遥控、自主航迹跟踪、自主航行等控制能力
13	任务载荷	标准配置：侧扫声呐、前视声呐、水下摄像机 扩展配置：温盐深仪、水质传感器、ADCP 等

图 7-38　哈尔滨工程大学星海-100 智能 AUV 示意图

三十九、哈尔滨工程大学"海灵"号 AUV

哈尔滨工程大学"海灵"号 AUV 是一种艇体一体化设计的自主水下机器人，艇体内部可模块化携带多种传感器和有效载荷，充足的电能保障在最大工作水深下也拥有较大的扩展性，同时拥有足够的灵活性，适合各种船舶进行布放回收操作（表 7-35，图 7-39）。

表 7-35　哈尔滨工程大学"海灵"号 AUV 主要技术指标

序号	指标项	指标参数
1	直径	53 cm
2	长度	450 cm
3	空气中重量	390 kg（标准配置）
4	静浮力	1 kg
5	起吊点	2 个（位于 AUV 中部）
6	最大工作水深	1 000 m
7	续航力	40 h@3 kn
8	航行速度	最大 5 kn

序号	指标项	指标参数
9	供电	耐压型锂电池包，共 17.2 kWh
10	推进器	尾部直流电机+螺旋桨推进
11	导航	实时准确度≤0.5%航行距离（CEP50） INS（惯性导航系统），DVL（多普勒海流计程仪）和 GPS，深度计，高度计，USBL（超短基线）
12	天线	集成 GPS、RF、铱系统和频闪灯
13	通信	RF、铱星和水声通信
14	安全系统	故障和泄漏检测，频闪灯，RDF，铱星系统和具有定时、定深和遥控三种方式的应急系统
15	软件	嵌入式软件
16	数据存储	4 GB 内存，另有额外数据存储空间
17	布放回收	滑道式布放回收装置，具有在不大于四级海况下安全布放回收的能力
18	标准配置	Multi SeaCam© 1065 摄像机 GeoSwath Plus 测深侧扫声呐 （可选功能：EdgeTech 230/850 kHz 动态聚焦、EdgeTech DW-216 浅地层剖面仪、Reson 7125 400 kHz 多波束测深仪，以及合成孔径声呐、前视声呐、温盐深仪、水质传感器等其他类载荷）

图 7-39　哈尔滨工程大学"海灵"号 AUV 示意图

四十、哈尔滨工程大学"橙鲨"号智能 AUV

哈尔滨工程大学"橙鲨"号智能 AUV 是一款中型深海无人潜水器，采用了可扩展应用设计，具有便于舰载、反应快速、机动能力强、隐蔽性好、生存能力强、活动海域广、有效使用时间长和无人员伤亡等特点。具有自主规划、自主航行能力；具有定时、定深和遥控三种安全自救方式；可自主完成环境感知、目标探测等任务。适用于海域油气资源调查、大洋矿产资源调查、深海地质生物科学研究、海底地形地貌及浅层剖面的扫描和探测等领域，适用于不同的任务和应用需求（表 7-36，图 7-40）。

表 7-36　哈尔滨工程大学"橙鲨"号智能 AUV 主要技术指标

序号	指标项	指标参数
1	主尺度	长约 5 m，宽约 1 m，高约 1.5 m（含天线）
2	空气中重量	约 1 500 kg（标准配置）
3	最大工作水深	2 000 m
4	最大航速	8 kn
5	航程	200 km@3 kn
6	续航力	36 h@3 kn
7	导航精度	航行距离的 0.3%（CEP）
8	工作环境温度	0~40℃
9	推进与操纵	尾部直流电机+螺旋桨推进，尾部"十"字形布置舵翼控制艏向和纵倾，首尾垂向推进器控制纵倾和深度
10	能源	锂电池
11	通信	北斗、无线电、WiFi、水声通信、铱星（选配）
12	导航	北斗、INS、GPS、DVL、深度计、高度计、USBL
13	控制能力	具备无线电遥控、自主航迹跟踪、自主航行、自主作业等控制能力
14	任务载荷	标准配置：多波束测深声呐、侧扫声呐、浅层剖面仪 扩展配置：合成孔径声呐、前视声呐、温盐深仪、水质传感器、ADCP、水下摄像机等载荷

图 7-40 哈尔滨工程大学"橙鲨"号智能 AUV 示意图

四十一、博雅工道机器人科技有限公司水下仿生机器鱼 AUV

博雅工道机器人科技有限公司 ROBO-SHARK 水下仿生机器鱼 AUV 是一种在海洋中使用的高速、低噪声的仿生水下机器人平台。该 AUV 以鲨鱼为原型，用三关节尾鳍代替螺旋桨来产生运动，可以有效降低操作时产生的噪声，降低功耗；外壳由吸音材料制成，很容易伪装；通过尾鳍产生运动，机器鱼可以 10 kn 的速度前进。它能够快速跟踪目标，执行快速抵近、高机动力量巡航等任务，也可以广泛应用于深海探测、水下科考，水文数据测量和海底测绘等领域（表 7-37，图 7-41）。

表 7-37 博雅工道机器人科技有限公司水下仿生机器鱼 AUV 主要技术指标

序号	指标项	指标参数
1	外形尺寸	1 850 mm×850 mm×860 mm
2	重量	50 kg
3	最大深度	300 m
4	最大航速	8 kn
5	续航力	4~6 h
6	动力系统	仿生尾鳍摆动推进
7	传感器	声波避障传感器、电子罗盘、水压传感器、温度传感器、湿度传感器、GPS

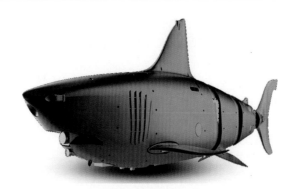

图 7-41　博雅工道机器人科技有限公司水下仿生机器鱼 AUV 示意图

四十二、天津瀚海蓝帆海洋科技有限公司乘帆 324 型 AUV

天津瀚海蓝帆海洋科技有限公司乘帆 324 型 AUV 为标准鱼雷外径，采用分段式模块化设计，支持功能模块拓展，可按需求重新配置有效载荷，具备无线通信功能，可执行多种水下任务，具有广泛的海洋勘测和军事用途（表 7-38，图 7-42）。

表 7-38　天津瀚海蓝帆海洋科技有限公司乘帆 324 型 AUV 主要技术指标

序号	指标项	指标参数
1	尺寸	直径 324 mm，长度 2 000~3 000 mm
2	重量	160~220 kg
3	工作深度	300 m
4	续航力	180 km@ 2 kn
5	基本模块	艏部模块、DVL 模块、能源模块、主控模块、艉部模块
6	基本载荷	摄像机、压力传感器、温度传感器、漏水检测、无线通信模块、DVL 模块、定位模块、惯性导航系统、抛载模块
7	可选模块	浮力调节模块、侧扫声呐模块、声通信模块、CTD 模块
8	优势特色	轻型布放，可搭载多种型号传感器，艉部可搭载声学拖曳阵，高精度声学测量系统。

图 7-42　天津瀚海蓝帆海洋科技有限公司乘帆 324 型 AUV 示意图

四十三、天津瀚海蓝帆海洋科技有限公司锦帆 JF-01 型 AUV

天津瀚海蓝帆海洋科技有限公司锦帆 JF-01 型 AUV 是一款中型自主水下潜航器，采用模块化设计结构，头部装有抛绳器可在甲板上完成布放和回收；可操作性好，能够广泛应用于水文水质测量、水下地形地貌扫描等常规任务；隐蔽性强，可进行无人侦察、反潜作战等军事任务（表 7-39，图 7-43）。

表 7-39　天津瀚海蓝帆海洋科技有限公司锦帆 JF-01 型 AUV 主要技术指标

序号	指标项	指标参数
1	尺寸	直径 533.4 mm，长度 3 600~5 000 mm
2	重量	670~1 300 kg
3	工作深度	220 m
4	续航力	300 km@3 kn
5	基本模块	艏部模块、DVL 模块、能源模块、主控模块、艉部模块
6	基本载荷	摄像机、压力传感器、温度传感器、漏水检测、无线通信模块、DVL 模块、定位模块、惯性导航系统、抛载模块
7	可选模块	浮力调节模块、侧扫声呐模块、声通信模块、CTD 模块
8	突出特点	可长时间观测，可搭载多种中大型传感器，艉部可搭载声学拖曳阵声呐，实现主动探测远程目标和远程水声通信
9	应用领域	水下观测、数据采集、地形地貌测量；海底调查、地区搜索、生态系统评估

图 7-43　天津瀚海蓝帆海洋科技有限公司锦帆 JF-01 型 AUV 示意图

四十四、天津瀚海蓝帆海洋科技有限公司游帆 4500 型 AUV

天津瀚海蓝帆海洋科技有限公司游帆 4500 型 AUV 是一款 4 500 m 深海小型 AUV，基于模块化设计原理，按功能划分为若干个独立模块，模块之间可以互换，功能扩展和布放回收十分方便。适用于海底资源勘测、搜寻搜救、管道检查等深海任务（表 7-40，图 7-44）。

表 7-40　天津瀚海蓝帆海洋科技有限公司游帆 4500 型 AUV 主要技术指标

序号	指标项	指标参数
1	尺寸	直径 350 mm，长度 36 000 mm
2	重量	310 kg
3	工作深度	4 500 m
4	续航时间	24 h@3 kn
5	导航系统	INS+DVL+USBL+GPS
6	基本功能	地形扫描、视频采集、温度采集、路径规划、水面遥控、声通信、卫星通信
7	预留功能	ARV 模式、声呐拖曳

图 7-44　天津瀚海蓝帆海洋科技有限公司游帆 4500 型 AUV 示意图

四十五、天津瀚海蓝帆海洋科技有限公司云帆 AUV

天津瀚海蓝帆海洋科技有限公司云帆 AUV 是一款模块化的自主水下潜航器，分为标配模块和扩展模块，其推进模式主要有两种，分别为外"十"字舵和内"十"字舵模式。该 AUV 体积小、质量轻、双人可进行布放和回收；可进行遥控或自主双控制；能够执行于水质测量、水下地形地貌扫描等常规任务，也可进行无人侦察、反潜作战及扫灭雷等军事任务（表 7-41，图 7-45）。

表 7-41　天津瀚海蓝帆海洋科技有限公司云帆 AUV 主要技术指标

序号	指标项	指标参数
1	尺寸	直径 200 mm，长度 1 550~2 000 mm
2	重量	40~50 kg
3	工作深度	200 m
4	续航力	60 km@3 kn
5	动力布置	外"十"字舵舰部推进、内"十"字舵舰部推进

序号	指标项	指标参数
6	基本模块	艏部模块、DVL 模块、能源模块、主控模块、艉部模块
7	基本载荷	摄像机、压力传感器、温度传感器、漏水检测、 无线通信模块、定位模块、惯性导航系统、抛载模块
8	可选模块	浮力调节模块、侧扫声呐模块、声通信模块、CTD 模块、DVL 模块
9	突出特点	快速功能重组，可搭载多种水下传感器，实现多种勘测任务
10	应用领域	科研教学、辅助救援、航道勘测、水域水质观测

图 7-45　天津瀚海蓝帆海洋科技有限公司云帆 AUV 示意图

四十六、天津瀚海蓝帆海洋科技有限公司智帆 ZF-01 型 AUV

天津瀚海蓝帆海洋科技有限公司智帆 ZF-01 型 AUV 是一型微型模块化水下机器人，具有灵活性高特点，水下可完成 6 个自由度内的任何动作，实现极小半径或原地转弯。该 AUV 可承担科研教学、水产养殖、水底打捞、航道观测、资源探查、危险预警、扫雷灭雷等任务（表 7-42，图 7-46）。

表 7-42　天津瀚海蓝帆海洋科技有限公司智帆 ZF-01 型 AUV 主要技术指标

序号	指标项	指标参数
1	尺寸	直径 150 mm，长度 1 550~2 200 mm
2	重量	24~40 kg
3	工作深度	100 m
4	续航时间	8 h@3 kn
5	基本功能	视频采集、温度采集、路径规划、水面遥控
6	预留功能	水下遥控、卫星通信、声呐拖曳、垂直下潜、水平侧移

图 7-46　天津瀚海蓝帆海洋科技有限公司智帆 ZF-01 型 AUV 示意图

四十七、西安天和防务技术有限公司微型便携式 AUV

西安天和防务技术有限公司微型便携式 Block Fish AUV 是一款新型高速超小型水下机器人,具有灵敏度高、速度快、体积小、集成度高、结构简单、人机交互、可对用户进行二次开发等优点,能够快速、方便地满足各种水下作业任务(表 7-43,图 7-47)。

表 7-43　西安天和防务技术有限公司微型便携式 AUV 主要技术指标

序号	指标项	指标参数
1	尺寸	直径 120 mm,长度 1 000 mm
2	重量	8 kg
3	工作深度	20 m
4	续航力	20 km
5	有效载荷	2 kg

图 7-47　西安天和防务技术有限公司微型便携式 AUV 示意图

四十八、西安天和防务技术有限公司 TH-B050 AUV

西安天和防务技术有限公司 TH-B050 AUV 是一个独立的、二人便携式、模块化的观测平台,能够为船只或岸上作业提供高质量的数据。TH-B050 可以根据需求搭载适合军事和民用的各种传感器,执行各种类型的任务,可靠性高、易于布放和使用操作(表 7-44,图 7-48)。

表 7-44 西安天和防务技术有限公司 TH-B050 AUV 主要技术指标

序号	指标项	指标参数
1	尺寸	直径 180 mm，长度 1 500 mm
2	重量	35 kg
3	工作深度	50 m
4	续航力	40 km
5	有效载荷	5 kg
6	通信方式	WiFi、UHF 和卫星通信单元

图 7-48 西安天和防务技术有限公司 TH-B050 AUV 示意图

四十九、西安天和防务技术有限公司 TH-B300 AUV

西安天和防务技术有限公司 TH-B300 AUV 是一种高度模块化自主水下航行器，具有优秀的作业能力，能够携带大量有效载荷，且运动灵活，以满足任务需求。此外，它可以下潜至水下 1 000 m，拥有 30 h 续航能力，即使在海底也能长时间作业（表 7-45，图 7-49）。

表 7-45 西安天和防务技术有限公司 TH-B300 AUV 主要技术指标

序号	指标项	指标参数
1	尺寸	直径 324 mm，长度 4 000~5 000 mm
2	重量	500 kg
3	工作深度	1 000 m
4	续航力	200 km
5	有效载荷	150 kg
6	通信方式	WiFi、UHF 和卫星通信单元
7	搭载传感器	CTD、DVL、USBL 信标、拖曳声呐、INS、摄像机、前扫声呐、侧扫声呐、侧阵声呐、SAS、水声通信、水质传感器

图 7-49　西安天和防务技术有限公司 TH-B300 AUV 示意图

五十、西安天和防务技术有限公司 TH-B600 重型 AUV

西安天和防务技术有限公司 TH-B600 重型 AUV 是一种高度模块化自主水下航行器，能够同时携带多个传感器和有效载荷，工作深度 1 000 m，可在海底持续作业 36 h，续航里程超过 200 km。

表 7-46　西安天和防务技术有限公司 TH-B600 重型 AUV 主要技术指标

序号	指标项	指标参数
1	尺寸	直径 533 mm，长度 4 000~7 000 mm
2	重量	1 500 kg
3	工作深度	1 000 m
4	续航力	>200 km
5	有效载荷	>150 kg
6	通信方式	WiFi、UHF 和卫星通信单元
7	搭载传感器	CTD、DVL、USBL 信标、拖曳声呐、INS、摄像机、前扫声呐、侧扫声呐、SAS、水声通信、水质仪、水声通信装置

图 7-50　西安天和防务技术有限公司 TH-B600 重型 AUV 示意图

第五节　主要搭载设备

AUV 根据型号不同，载荷能力也不同，特别是随着大型、超大型 AUV 的快速发展，载荷能力不断提高。目前，各类海洋观测设备均可搭载包括声学探测设备、光学探测设备、磁探测设备、生化探测设备等。例如：CTD、ADCP、DVL、海洋磁力仪、前视声呐、侧扫声呐、浅地层剖面仪、多波束测深仪、高度计、深度计、浊度计、声通设备、叶绿素传感器、甲烷传感器、CO_2 传感器等。

第六节　主要应用领域

AUV 在海洋调查、地形测量、军事行动、港口安防、水产养殖、搜救探测、海洋开发等方面均有着广泛的应用。随着水下通信和控制技术的突破，结合智能组网技术，AUV 在海洋调查和军事领域获得了飞速发展，不断拓展应用场景，作用和地位日趋重要。图 7-51 给出了 AUV 载多波束测深仪导航规划点云数据示意图，图 7-52 给出了 AUV 载侧扫声呐水下目标搜索示意图。

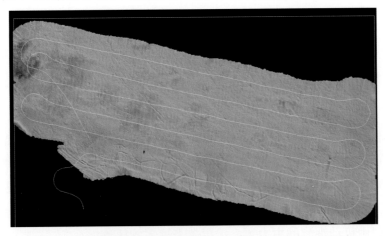

图 7-51　AUV 载多波束测深仪导航规划点云数据示意图（1 500 m×600 m）

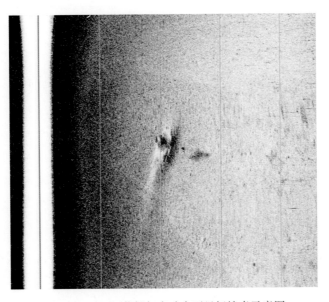

图 7-52　AUV 载侧扫声呐水下目标搜索示意图

第七节　应用局限性

AUV 因其适用海域环境广泛、产品类型丰富、机动灵活、成本低廉、无伤亡、可规模化生产、可执行高危任务等优点，是目前水下装备着力发展热点。但受到平台搭载设备种类和数量、隐蔽性、续航时间和智能化等制约，限制了其在民用、军事领域的广泛推广应用。执行特定任务的能力还有待提高，同时智能规划、控制和组网技术发展现状决定了 AUV 规模化协同观测能力有待提高。

第八节　应用评述

AUV 可依托海洋立体观测网中的固定观测平台进行充电和信息交互，充分发挥其水下机动、灵活的特点，开展大尺度观测，实现对目标海域突发事件的迅速响应和精细化高密度观测，实现海底观测网观测范围的拓展。此外，通过固定观测平台进行导航和定位，实现固定与移动相结合、有线与无线相结合，从观测空间范围、观测密度和节点接入灵活性等方面显著拓展海底观测网的能力。未来，随着人工智能技术和智能组网观测技术的发展，AUV 将会成为海洋立体观测网中机动观测的主力军，承担越来越多的任务。

第八章　遥控无人潜水器

第一节　概述

遥控无人潜水器（Remote Operated Vehicle，ROV）是无人水下航行器（Unmanned Underwater Vehicle，UUV）的一种。ROV 因其经济性好、下水出水灵活性强、环境适应性好、作业效率高、使用有效等优点，被广泛应用于军队、海岸警卫、海事、海关、核电、水电、海洋石油、渔业、海上救助、管线探测和海洋科学研究等领域。

ROV 系统的组成，从结构上可划分为水面指控系统、收放系统和水下潜航体部分。其中，水面指控系统包括主控计算机、操控系统、跟踪定位系统、显示系统、水下通信接口、动力源、脐带缆及收放系统。脐带缆主要提供机器人动力和仪器电源，同时还担负着下传命令、上传数据与状态信息的任务，是信号传输的通道，常常是由特种电缆、同轴电缆或光电复合电缆构成；此外，脐带缆具有足够的强度，一旦出现故障，能够将机器人拉回水面。收、放系统担负着将 ROV 由岸上或船上吊放入水和从水中回收的任务。水下潜航体主要包括水密耐压壳体和动力推进、探测识别与传感、通信与导航、电子控制及执行机构等分系统，其外形结构主要有流线型和框架式两种，一般都采用模块化结构；由于水下潜航体从与水面相连的脐带电缆获取能源，动力充足，作业时间不受能源的限制，可搭载较多的仪器设备。

目前，ROV 系统可应用的水下导航技术有惯性导航、航迹推算、声学导航、地球物理导航等。考虑到单一的导航方法其精度、可靠性等无法满足作业需要，目前一般通过使用多种导航的方法，进行综合导航。

第二节　国内外现状与发展趋势

ROV 的研制始于 20 世纪 50 年代，1960 年美国研制成功世界上第一台 ROV，1966 年与载人潜水器配合，在西班牙外海找到了一颗失落海底的氢弹，引起了极大的轰动。进入 20 世纪 70—80 年代，ROV 研发获得迅猛发展，1975 年，第一台商业化的 ROV "RCV-125"问世。经过半个多世纪的发展，ROV 已经成为了一个新的产业——ROV 工业。目前，全世界有 270 种以上型号的 ROV，小型 ROV 的重量仅几千克，大型的超过 20 t，其作业深度可达 10 000 m 以上；此外，有超过 400 家厂商提供各种 ROV 整机、零部件以及 ROV 服务。

在 ROV 技术研究方面，美国、加拿大、英国、法国、德国、意大利、俄罗斯、日本等处于领先地位。其中，美国的 MAX Rover 是世界上最先进的全电力驱动工作级 ROV，潜深 3 000 m，自重 795 kg，有效载荷 90 kg，推进器的纵向推力 173 kg，垂向推力 34 kg，横向推力 39 kg，前进速度为 3 kt，可在 2.5 kt 流速的水流中高效工作；日本海洋技术研究所研制的"海沟"号是目前世界上下潜深度最大的 ROV，装备有复杂的摄像机、声呐和一对机械手，1995 年，该 ROV 下潜到马里亚纳海沟的最深处（11 022 m），创造了世界纪录。

目前，国内从事 ROV 研发的科研机构主要是中国科学院沈阳自动化研究所、上海交通大学、哈尔滨工程大学和中船重工第七〇二研究所等。从 20 世纪 70 年代末起，中国科学院沈阳自动化研究所、上海交通大学最早开始了 ROV 研发工作，合作研制了"海人一号"ROV，其潜深达到 200 m，能连续在水下进行观察、取样、切割、焊接等作业。在"海人一号"ROV 基础上，中国科学院沈阳自动化研究所于 1986 年开始先后研发了 RECON-IV-SIA-300 中型 01/02/03 ROV、"金鱼"号轻型观察 ROV、"海蟹"号六足步行 ROV 等。1993 年我国在大连海湾进行的"8A4"ROV 海上试验，标志着我国在 ROV 研究方面进入一个新的阶段。此外，上海交通大学研发的 ROV 产品较多，从微型观察型到重达数吨的深水作业型、从潜深几十米到数千米不等，尤其是"海龙Ⅱ型"ROV，重量 3.25 t，潜深 3 500 m，带有 TMS、DP 和 VMS 系统，2 个机械手和自动升降补偿绞车，技术性能达到了世界先进水平。

第三节　主要分类

ROV 可分为观察级和作业级。其中，观察级 ROV 的核心部件是水下推进器和水下摄像系统，有时辅以导航、深度传感器等常规传感器，具有本体尺寸和重量较小、负荷较低、成本较低等特点。作业级 ROV 本体尺寸较大，带有水下机械手、液压切割器等作业工具，造价高，主要用于水下打捞、水下施工等。

第四节 主流产品

一、美国 DOE 公司观察检测级 ROV

美国 DOE 公司观察检测级 ROV 包括 Triggerfish、Lionfish、Swordfish、Flymager 等多种型号，大多配有摄像机、照相机、声呐和小型机械手，适用于不同水下观察、轻型作业的场合。该系列 ROV 设计精巧，机动性强，控制功能完善，是水下工程、调查、搜索的最佳轻型载体。此外，所有 ROV 均采用相同的控制器、脐带缆及零备件，最大工作水深从 50 m 至 600 m，航速从 1 kn 至 3.5 kn，配载能力从 3 kg 至 11 kg 不等。如必要，还可通过增加浮力材料的方式提高配载能力（表 8-1，图 8-1，图 8-2）。

表 8-1 美国 DOE 公司 Flymager 观察检测级 ROV 主要技术指标

序号	指标项	指标参数
1	尺寸	112 cm×49 cm×39.5 cm
2	重量	39 kg
3	工作深度	305 m
4	前进推动力	51 kg
5	垂直推动力	15 kg
6	推动方式	标配有 4 个水平矢量推进器，1 个垂直推进器开放式设计，可轻松添加第三方传感器
7	任务载荷	照明灯、导航和深度传感器、侧扫声呐、照明脐带

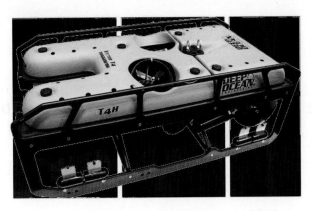

图 8-1 美国 DOE 公司观察检测级 ROV 示意图

图 8-2　美国 DOE 公司 Flymager 观察检测级 ROV 示意图

二、美国 Phoenix 国际公司 Remora ROV

美国 Phoenix 国际公司 Remora ROV 配备双机械手，使用美国最先进的传感器和遥测系统，执行工作水深达 6 000 m（表 8-2，图 8-3）。

表 8-2　美国 Phoenix 国际公司 Remora ROV 主要技术指标

序号	指标项	指标参数	
		Remora 2	Remora 3
1	尺寸（长×宽×高）	1.7 m×1.0 m×2.2 m	1.8 m×1.2 m×2.2 m
2	重量（空气中）	1 900 kg	2 000 kg
3	最大工作深度	6 000 m	6 000 m
4	推力	25 HP 电动液压	40 HP 电动液压
5	推进器	4 个轴向/侧向 2 个垂直	4 个轴向/侧向 2 个垂直
6	机械手	2 个 Hydro-Lek 六功能	1 个 Hydro-Lek 六功能 1 个 Hydro-Lek 七功能
7	光纤多路复用器	1 个 Prizm Video3	1 个 Prizm Video3
8	摄像头	1 个 Simrad1367 彩色 CCD 视频摄像机与遥控变焦和对焦；1 个 Smirad1324 超低光 SIT 相机	1 个 Simrad1367 彩色 CCD 视频摄像机与遥控变焦和对焦；1 个 Smirad1324 超低光 SIT 相机；1 个 DSPL Multi-Sea 摄像机
9	照明	4 个 ROS 250W 灯（可变强度）	4 个 QLED Ⅲ 可调光 LED 灯
10	传感器	1 个 Simrad1071 扫描声呐，675 或 330 kHz；1 个 AHRS；1 个 Simrad 高度计,0~300 m；1 个深度传感器，0~10 000 PSI 的压力换能器（±0.5%）	1 个 AHRS；1 个 Simrad 高度计，0~300 m；1 个深度传感器，0~10 000 PSI 的压力换能器（±0.5%）

图 8-3　美国 Phoenix 国际公司 Remora ROV 示意图

三、美国 MBARI 研究所 Ventana ROV

美国 MBARI 研究所 Ventana ROV 于 1988 年研制完成，其最大工作深度 1 850 m，配置有数据收集传感器、高清晰摄像头以及动物收集装置（图 8-4）。目前，正根据需求变化演变不同的配置。

图 8-4　美国 MBARI 研究所 Ventana ROV 示意图

四、美国 MBARI 研究所 Tiburon ROV

美国 MBARI 研究所 Tiburon ROV 于 1996 年研制完成，是目前海洋科学中最为复杂的全电气化 ROV，该 ROV 下潜深度可达 4 000 m，配置 2 个摄像机，可根据任务搭载多种作业工具包，如锯钻工具及采样工具等，是一个具有革新意义的整合式无人潜水研究平台，其强大特色可以为各种任务中提供高效、可靠和精确的取样和数据收集（图8-5）。

图8-5　美国MBARI研究所Tiburon ROV示意图

五、加拿大Shark Marine公司Sea-Wolf ROV

加拿大Shark Marine公司Sea-Wolf ROV是一款多用途、高适应性的水下机器人，在尺寸仅为36 cm×22.5 cm×21 cm的框架中，拥有4个2 HP的推动器，与同大小级别的ROV相比有着更加强大的推动力。此外，与ROV配套的电脑处理系统显示屏上可以显示所有的数据，标注和事件记录软件会自动在完成工作后生成报告（图8-6）。

图8-6　加拿大Shark Marine公司Sea-Wolf ROV示意图

六、加拿大 Shark Marine 公司 Sea-Wolf 5 ROV

加拿大 Shark Marine 公司 Sea-Wolf 5 是 Sea-Wolf 系列中最新型的作业级 ROV，拥有出色的负载能力，其结实、抗腐蚀的外体框架采用了漏空式设计，从而提供了充足的内部空间来搭载额外的设备，同时不会干扰到推进器工作（表 8-3，图 8-7）。

表 8-3　加拿大 Shark Marine 公司 Sea-Wolf 5 ROV 主要技术指标

序号	指标项	指标参数
1	尺寸	122 cm×90 cm×89 cm
2	重量	164 kg
3	操作模式	手动，半自动
4	智能导航功能	路径跟随（路标、目标、探测路径）；位置保持（定深、定高、定位）
5	深度范围	600 m
6	工作温度（空气）	−5~50℃
7	存放温度	−30~80℃
8	输入电压	220/240VAC，50~60 Hz，8 400 W
9	前进推力	30 kg（附带水平推进器可提供 60 kg）
10	深度计	是
11	漏水传感器	是
12	航向、俯仰和横滚	是

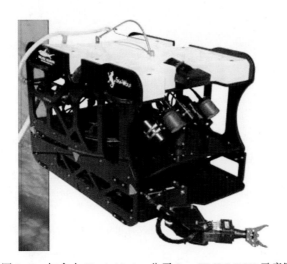

图 8-7　加拿大 Shark Marine 公司 Sea-Wolf 5 ROV 示意图

七、加拿大 Shark Marine 公司 Sea-Dragon ROV

加拿大 Shark Marine 公司 Sea-Dragon ROV 一型采用标准设计的水下机器人，构建不同用途的 ROV 系统。该 ROV 由 4 个 2 HP 的推动器提供动力，前端和后部分别装有 500 W 和 250 W 的前后照明系统，同时配备多个有 3D、拉伸、收缩镜头功能的摄像装置，用于前后方、操作臂监视（表 8-4，图 8-8）。此外，Sea-Dragon ROV 的设计理念是允许用户采用同一核心控制，它可以拥有很长的电缆线提供动力以及卓越的液压模型，加之脐带采用光学纤维设计，所以可以应用很长的电缆脐带。

表 8-4　加拿大 Shark Marine 公司 Sea-Dragon ROV 主要技术指标

序号	指标项	指标参数
1	控制器尺寸（长×宽×高）	56 cm×53 cm×23 cm
2	ROV 重量	295 kg
3	控制器重量	20.4 kg
4	手持控制器尺寸	20 cm×20 cm×8 cm
5	手持控制器重	0.9 kg
6	手持控制器电缆长	标准 7.5 m（可选更长电缆）
7	脐带描述	TPR 浮漂护罩；10 001b，最小断裂载荷
8	脐带直径	20 mm
9	脐带长度	标准 150 m（最长可达 6 000 m）
10	脐带重	50 kg/150 m
11	水平推进器	标准 2-2 HP（更高功率或数量可选）
12	垂直推进器	标准 2-2 HP（更高功率或数量可选）
13	照明	标准 2~250 W（其他可选）
14	摄像机	标准 10 级镜头推拉和 0.000 3 lux（许多可选项包括 3D 摄像机）
15	屏幕显示	时间、日期、航向、测深单位（m），转向（turns）、自动设置、电缆长度
16	扫描声呐	前置即插即用插头
17	测深级别	标准 600 m（其他可选）
18	扫测声呐	频率可选，285~1.1 MHz，200 m 范围（需要笔记本或电脑）
19	地层剖面仪	10~30 kHz，20°波束角（需要笔记本或电脑）

续表 8-4

序号	指标项	指标参数
20	操作臂	1、2 或 3 种功能
21	定位系统	SBL、LBL 或其他基于声波发射器的定位系统
22	激光定标单元	2 个或 4 个单元激光定标系统用于测定目标
23	超低功率黑白摄像机	0.000 3 lux 单色摄像机

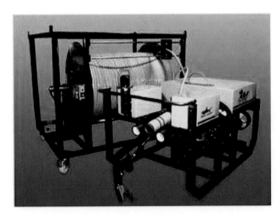

图 8-8　加拿大 Shark Marine 公司 Sea-Dragon ROV 示意图

八、瑞典 Ocean Modules 公司 V8 Sii ROV

瑞典 Ocean Modules 公司 V8 Sii ROV 是一型开放的、可置换模块、模块化的多功能水下机器人平台，用户根据需要可选配扫描成像声呐（用于浑浊水域）、机械手或简单作业工具、声学定位系统、采样设备等（表 8-5，图 8-9）。此外，该 ROV 随机安装的多种传感器可随时获得机器人的状态信息，以便系统通过负反馈实现 ROV 的自动定深、自动定向和自动姿态控制的功能，从而获得机器人的超级稳定性，这是目前市场上其他水下机器人无法比拟的优越性能。V8 Sii ROV 将水下机器人技术发展到一个新的高度，其八矢量推进器配置和目前最为先进的 Spot. on 控制系统可在全空间 6 个自由度上精确操控机器人进行机动。

表 8-5　瑞典 Ocean Modules 公司 V8 Sii ROV 主要技术指标

序号	指标项	指标参数
1	潜器尺寸、重量	755 mm×650 mm×535 mm、大约 60 kg，视具体负载而定

续表 8-5

序号	指标项	指标参数
2	最大工作水深	500 m
3	最大前向速度	3 kn（1.54 m/s）
4	负载	标配 5 kg，最大 14 kg
5	水下照相机	1 个固定焦距摄像头；1 个安装在云台上可水平方向 360°旋转、垂直方向 90°俯仰的摄像头。根据需要可增加摄像头
6	照明灯	2 只 LED 照明灯；2 只卤素灯。根据需要可增加照明灯
7	推进器	8 个矢量推进器，无刷直流电机驱动（每个 825 W）
8	随机传感器	航向传感器、深度传感器、三轴加速度传感器和 MEMS IMU 姿态传感器
脐带缆		
9	芯线	2 芯电源线、3 对双绞线，铠装脐带缆，可选含光纤的脐带缆
10	长度	300~2 500 m，可选更长的脐带缆
11	直径	13 mm
12	浮性	淡水中零浮力
13	断裂强度	500 kg
14	脐带缆收放系统	选件
水面控制单元（SCU）		
15	显示	15 寸 LCD 液晶显示屏，阳光下可读，装在制冷便携箱
16	尺寸	400 mm×500 mm×200 mm
17	防护登记	优于 IP65 的防水箱
导航操控单元（PCU）		
18	控制	2 个操纵杆、2 个分压器、触发控制开关以及 LED 状态指示灯
19	显示	防水箱箱盖上安装的 9 寸 LCD 液晶显示屏
20	尺寸	240 mm×260 mm×170 mm
21	防水保护	优于 IP65 的防水箱
供电单元（PSU）		
22	输入	230 VAC，最大 3 kW，50~60 Hz
23	输出	600 VDC

续表 8-5

序号	指标项	指标参数
24	尺寸	400 mm×500 mm×200 mm
25	防水箱	优于 IP65 的防水箱
26	软件系统	Spot. on 智能化信息管理及报告系统
27	USBL 超短基线定位系统	Tritech Micron Nav 生产的 USBL，包括接口设备
28	工作深度	750 m
29	跟踪距离	500 m（典型水平距离），150 m（典型垂直距离）
30	距离精度	±2 m
31	方向精度	±3°
32	工作波束宽度	180°
33	位置上传速率	0.5~10 s
34	绞车	手动脐带缆绞车，包括电滑环
35	水下照相机	Tritech Typhon 彩色变焦照相机 470 TV，0.1 lux 线带接口设备
36	工作深度	3 000 m
37	声呐	Tritech Super SeaKing DST 声呐，Chirp 技术，带接口设备；双频声呐 250~720 kHz
38	工作深度	4 000 m
39	探测距离	最大 300 m

图 8-9　瑞典 Ocean Modules 公司 V8 Sii ROV 示意图

九、英国 PSSL 公司 ROV

英国 PSSL 公司生产出 3 种系列 ROV 产品，即 Triton XLS、Triton ZX 和 Triton MRV，其中尤以 Triton 系列 ROV 更为出色，最大工作深度可达 4 000 m（表8-6，图8-10）。用户可根据自己的需要，选用不同的配套设备，如多功能机械手、挖掘机械、电缆切刀、电视摄像机、照相机、电光源等，配套设备的装卸无须在工厂进行，可以在现场由操作人员完成，使用十分方便。

表 8-6　英国 PSSL 公司 ROV 主要技术指标

序号	指标项	指标参数	
1	深度	3 000（4 000）MSW	3 000（4 000）MSW
2	功率	200 HP	150 HP
3	通过框架电梯	3 000 kg	3 000 kg
4	控制系统	基于 PC 的单模光纤	ICE 实时控制的千兆遥测和图形诊断系统
5	有效载荷容量	300（250）kg	300（250）kg
6	长度	3 605 mm	3 605 mm
7	宽度	1 905 mm	1 905 mm
8	高度	2 282（2 333）mm	2 136（2 282）mm
9	空气中重量	5 500（5 662）kg	4 750（5 310）kg
10	推力水平	4×380 mm	4×380 mm
11	推进器垂直	4×305 mm	4×300 mm
12	拖拽力	1 200 kg 力，横向 1 200 kg 力，垂直 1 230 kg 力	1 200 kg 力，横向 1 200 kg 力，垂直 1 230 kg 力
13	提升能力	3 000 kg	3 000 kg

图 8-10　英国 PSSL 公司重型 XLX200HP（左）和 XLX150HP（右）ROV 示意图

十、英国 SMD 公司 Atom 作业级 ROV

英国 SMD 公司 Atom 作业级 ROV 是一款紧凑型的作业级液压水下机器人，尺寸只有电动 ROV 大小，60 HP 或 100 HP 两种功率可选，具有高度的设备仪器集成能力，可装备 1 个 7 功能及 1 个 5 功能机械手，操作简单、维护方便，可用于海上施工支持、水下观察/调查，水下钻井支持、海底油管铺设等（表 8-7，图 8-11）。

表 8-7　英国 SMD 公司 Atom 作业级 ROV 主要技术指标

序号	指标项	指标参数
1	工作水深	500 m、1 000 m、2 000 m、3 000 m、4 000 m 可选
2	尺寸（长×宽×高）	2 m×1.5 m×1.5 m
3	重量	1 500 kg
4	前进速度	3.2 kn，侧向 3.0 kn，垂直 2.0 kn
5	TMS/LARS	Atom Ultra Compact Tophat（可选）

图 8-11　英国 SMD 公司 Atom 作业级 ROV 示意图

十一、英国 SMD 公司 Quantum 作业级 ROV

Quantum 作业级 ROV 是英国 SMD 公司一款成熟的水下机器人产品，可以在高强度海流下稳定工作。该 ROV 拥有强劲的动力，可以完成各种复杂的工作，是水下工程和测量的可选工具（表 8-8，图 8-12）。

表 8-8　英国 SMD 公司 Quantum 作业级 ROV 主要技术指标

序号	指标项		指标参数	
1	工作深度	标准	3 000 m	
		可选	500 m、1 000 m、2 000 m、4 000 m	
2	尺寸和重量	长	≤3 500 mm	
		宽	≤2 000 mm	
		高	≤2 000 mm	
		重量	4 750 kg	
3	负载能力	标准	350 kg	
		主框架拉力	3 000 kg	
		TDU 悬挂后	1 000 kg	
		侧悬挂	500 kg	
4	性能	推力	标准	可选
		前后	900 kg	1 100 kg
		左右	900 kg	1 100 kg
		垂直	650 kg	900 kg
		水面航速	标准	可选
		前后	3.2 kn	3.5 kn
		左右	3.0 kn	3.2 kn
		垂直	2.0 kn	2.5 kn
		自动功能	自动航向 自动定深 自动高度 ROV 数据处理	—
5	推进器配置	水平	4×HTE380BA	4×HTE420BA
		垂直	4×HTE300BA	
		液压动力 (总功率)	150 HP (110 kW)	200 HP (150 kW)
		独立工具动力	58 HP (43 kW)	82 HP (61 kW)
6	视频能力	标准	8 信道综合（都带变焦和缩放）	标准
		可选	HDTV	可选

续表 8-8

序号	指标项		指标参数
7	陀螺仪	标准	光纤陀螺、陀螺罗经
		可选	NSFOG
8	摄像头	标准	2
		可选	可增加
9	控制系统	标准	SMD DVECS ROV 控制硬件，双重触摸屏、8×19" TFT 电视墙
		可选	客户定制，双或单手柄控制、HDTV 电视
10	甲板设备选项		SMD 收放设备，包括 A 形架和卷扬机 直到 7 级海况工作选项、主动或被动波浪补偿等

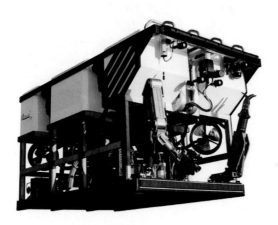

图 8-12 英国 SMD 公司 Quantum 作业级 ROV 示意图

十二、英国 Sub-Atlantic 公司 Comanche Small 作业级 ROV

Comanche Small ROV 是英国 Sub-Atlantic 公司一款小体积、轻量型的作业级水下机器人平台，可用于海上施工支持、水下观察/调查、水下钻探支持、海底油管铺设等（表 8-9，图 8-13）。

表 8-9 英国 Sub-Atlantic 公司 Comanche Small 作业级 ROV 主要技术指标

序号	指标项	指标参数
1	重量	1 130 kg

续表 8-9

序号	指标项	指标参数
2	尺寸	125 cm×210 cm×130 cm
3	载荷	250 kg
4	速度	前进 3.0 kn，后退 3.0 kn，侧向 2.5 kn，垂直 1.5 kn
5	推进系统	120 HP 电动液压推进：前进 2 250 N，后退 2 250 N，侧向 2 250 N，垂直 2 250 N
6	搭载传感器	声呐，高度计，姿态传感器，深度传感器

图 8-13　英国 Sub-Atlantic 公司 Comanche Small 作业级 ROV 示意图

十三、法国 Eca Hytec 公司 ROVing Bat ROV

法国 Eca Hytec 公司 ROVing Bat "蝙蝠侠" 是一款拥有强劲动力的综合型 ROV 爬行器，配有 6 个推进器、2 组机动化履带和 1 个穹顶式摄像头，其机身采用小巧的拖拽式设计，可确保爬行器在任何条件下都最优化地与目标物表面接触（表 8-10，图 8-14）。该型 ROV 的突出特点是：具有强大的推进动力（垂直方向 80 kg，水平方向 48 kg），可在复杂恶劣的水流环境下工作；可在任意飞行运动模式下接近目标物；可直立、倒立、完全倾斜或翻滚运动；可紧贴在任何垂直和倾斜的船体或物体表面；可通过履带爬行模式沿船体或坝体表面移动，并进行近距离的检测。该型 ROV 的主要用途包括：用于 FPSO（海上油气生产储存卸货设备）的检测或船体检测、水下结构物的检测、坝体的检测；用于安装各种传感器、配套工具和完成各种不同水下工作。

表 8-10　法国 Eca Hytec 公司 ROVing Bat ROV 主要技术指标

序号	指标项	指标参数
1	尺寸（长×宽×高）	1 042 mm×1 054 mm×440 mm
2	空气中重量	120 kg
3	结构	聚丙烯
4	装置	不锈钢
5	下潜运动性能水平	可向前/向后，向左/向右翻转运动
6	垂直	向上/向下
7	倾斜	0°~360°
8	翻滚	0°~360°
9	推进器	垂直方向 80 kg，水平方向 48 kg
10	前进速度	飞行模式下 2 kn，爬行模式下 0~0.3 m/s
11	工作深度	50 m（可根据用户要求加深）
12	电子遥控柄	硬化阳极氧化铝 5086
13	爬行器槽轮	硬化阳极氧化铝 5083
14	履带	聚丙烯
15	遥感勘测系统	通过 RS-485 与声呐进行数据连接
16	观测系统	透过穹顶外罩全景观测的彩色变焦摄像头，带有内置红外照明的广角黑白后视导航摄像头，两个卤素照明灯，每个 150 W
17	声学定位系统	长基线系统
18	航向/偏离斜度/圈数	3 轴磁力计/加速计/回转仪罗盘，准确度±1%
19	深度	压阻型传感器，准确度±0.25F. S.，自动定深功能
20	电子装置可显示	温度，漏水，电流，电压
21	爬行模式下的行进距离显示	安装在轮上的增量式测距器
22	PC	17″LCD 液晶显示器，通信传输 9 600 bps
23	导航显示	主电缆转变方向圈数指示，深度指示，航向指示
24	ROV 信息反馈	供电电源（电流安培）电压，电子板内部温度，电子板内部湿度等级，电子板内部进水报警，垂直推进器清洁指示
25	DVD 刻录机型号	先锋 DVD-R-330-S（或选配国产）
26	存储制式	PAL 或 NTSC

序号	指标项	指标参数
27	播放制式	PAL 或 NTSC
28	Video 视频输入等级	1.0Vp-p，75 ohms
29	Video 视频输出等级	1.0Vp-p，75 ohms
30	控制	推进器，2 操纵遥杆，推进模式选择（推进/爬行），垂直平衡调节，摄像头切换
31	彩色摄像头	对焦，变焦，倾斜/旋转运动，照明灯开启/关闭和亮度调节
32	功能	自动航向，自动定深，自动"入坞"
33	工作温度	0~500℃
34	存储温度	−10~600℃
35	湿度	小于80%（控制单元）

图 8-14　法国 Eca Hytec 公司 ROVing Bat ROV 示意图

十四、法国 Eca Hytec 公司 H300 MK Ⅱ ROV

法国 Eca Hytec 公司 H300 MK Ⅱ ROV 尺寸紧凑，质量合理，易于安装和操作；且动力强劲，能够抵御至少3 kn 的洋流（表8-11，图8-15）。该型 ROV 控制单元与电源单元合并，并提供一个电脑屏幕，显示声呐或数字控制的画面；安装有能够执行5 种功能的机械臂，并且各带有一个符合人体工程学的手控制器；装有高性能观察系统，包括一种彩色/放大电视摄像机和低 B/W 电视摄像机。

表 8-11 法国 Eca Hytec 公司 H300 MK II ROV 主要技术指标

序号	指标项	指标参数
1	尺寸（长×宽×高）	80 cm×60 cm×47 cm
2	重量	65 kg（空气中），不包含选件
3	制作材料	压缩聚丙烯框架，316L 不锈钢支干
4	三轴运动，满载静水中前进速度	3 kn
5	作业深度	300 m
6	推进器	4 套：2 套做水平运动；1 套做垂直运动；1 套做横向运动
7	自动航向准确度	±1%F.S.
8	自动水深准确度	0.1%F.S.
9	搭载能力	15.5 kg
10	光学成像设备配置	低光导航 TV；摄像机（黑白）；静画 TV；相机 VSPN303；3 倍变焦；同步闪光；自动对焦；可控快门
11		美国 DIDSON 双频识别声呐
12	高频模式作业频率	1.8 MHz
13	高频模式波束宽（双向）	0.5°×13°（水平×垂直）
14	高频模式波束	96
15	高频模式作用范围	1~15 m
16	低频模式作业频率	1.1 MHz
17	低频模式波束宽（双向）	0.3°×13°（水平×垂直）
18	低频模式波束	48
19	低频模式作用范围	1~40 m
20	双频模式最大图像显示速度	每秒 5~21 幅
21	双频模式视角	29°
22	调焦	自 1 m 至最大作业距离
23	电池支持时间	2.5 h
24	空气中重量	7.7 kg
25	电池空气中重量	2 kg
26	声呐尺寸	43 cm（包括 13 cm 把手）×20 cm×17 cm

序号	指标项	指标参数
27	电池盒尺寸	18 cm×13 cm
28	作业深度	90 m
29	能耗	30 W（24 VDC，1.25 A）
30	液压机械臂	180°旋转

图 8-15　法国 Eca Hytec 公司 H300 MKⅡ ROV 示意图

十五、法国 Cybemetix 公司 Alive 轻型作业级 ROV

法国 Cybemetix 公司 Alive 轻型作业级 ROV 是一型自主水下机器人，能够为没有 DP 支持船的深水水下设施提供光照（表 8-12，图 8-16）。水下机器人具备动态定位系统和自动对接能力，并配有 7 项功能的机械手。

表 8-12　法国 Cybemetix 公司 Alive 轻型作业级 ROV 主要技术指标

序号	指标项	指标参数
1	重量	3 500 kg
2	尺寸（长×宽×高）	4 m×2.2 m×1.6 m
3	主要性能	续航力 10 h

图 8-16 法国 Cybemetix 公司 Alive 轻型作业级 ROV 示意图

十六、德国 Mariscope 公司 Comander ROV

Comander ROV 是由德国 Mariscope 公司研发的新一代水下机器人，具有完全数字化的系统和较强的可操作性（图 8-17）。Comander ROV 自带 6 个引擎，能够完成各种任务，比如海岸作业、水产养殖等。Comander ROV 强大的操作性能，使其能够装备各种附加工具以实现客户的多种需求。

Comander ROV 由坚固的不锈钢框架搭建，维护简单，能够满足客户不同需求。新一代的控制器由全数字和高度可靠的电路构成，该技术使得 ROV 的操作和控制更加均衡。相应的技术人员能够很容易地改变系统印刷电路。无碳发动机有内置的电子控制系统，发动机外壳无须冷却液。

Comander ROV 带有防止发动机过载的电子设备，该设备能够从控制面板表面重启，其电子设备直径 11.5 mm，最大承受拉力为 250 kg，由一根不锈钢轴与 ROV 中央旋转接触，接触位点镀金，封装在铝壳中。ROV 设备上的缆绳是一种特殊的电缆用来平衡海水浮力，防护等级满足 IP64。

Comander ROV 装有两台照相机和灯光系统，其中之一位于 Comander 前部，另一部位于正后方，实现对系统的完全控制，避免和预防任何纠缠。高性能的照明设备由 Luxeon LED 提供，装于照相机上，也可以将照明设备装于其他位置或安装不同的照明灯。

图 8-17 德国 Mariscope 公司 Comander ROV 示意图

十七、德国 Mariscope 公司 FR ROV

德国 Mariscope 公司 FR ROV 是为了探测水中透明的不溶性化学物质，历时两年半研发完成（图 8-18）。该型 ROV 完全由在德国通常用于载人潜艇的不锈钢 DIN1.4539 构成，最长可达 2 500 mm，重 1.5 t，配备有 6 个 1.5 kW 的电力推进器，传感器载荷为 800 kg，装配有质谱仪、水下定位器和多种特殊检测设备。

图 8-18 德国 Mariscope 公司 FR ROV 示意图

十八、西班牙 AMT 公司 ROV

西班牙 AMT 公司 ROV 有上下、前进后退、绕轴旋转 3 个螺旋桨推进器，可在不同速度、不同角度自由移动（表 8-13，图 8-19）。该 ROV 内置水下可视摄像机，并且配有倾斜装置，高能量 LED 灯，罗经和深度传感器，易操作、视野开阔，提高了水下作业的效率、紧急情况应对能力以及安全性。此外，该型

ROV 的控制器是一个非常便宜实用的无线手柄，该手柄是系统可配置的，通过传感器可将实时数据传输到显示屏上，使用户能够获取清晰的水下信息。

表 8-13　西班牙 AMT 公司 ROV 主要技术指标

序号	指标项	指标参数
1	最大工作水深	50 m
2	控制	无线手柄
3	优点	自动导航，速度可控，自动驾驶

图 8-19　西班牙 AMT 公司 ROV 示意图

十九、挪威 Argus 公司 Rover ROV

挪威 Argus 公司 Rover ROV 一型观察级遥控潜水器，可配备 4 功能 Hydro-Lek 机械手工作，其工作功率达 6 kW，工作深度大 1 500 m，可应用于科学、军事和海洋等用途（表 8-14，图 8-20）。

表 8-14　挪威 Argus 公司 Rover ROV 主要技术指标

序号	指标项	指标参数
1	外形尺寸（长×宽×高）	1.3 m×0.8 m×0.765 m
2	重量	300 kg
3	有效载荷	30 kg
4	框架	浮力覆盖玻璃纤维

续表 8-14

序号	指标项	指标参数
5	吊舱	硬阳极氧化铝
6	连接器	SUBCONN/Seaconn
7	浮力	Syntactic 泡沫
8	深度	最多 1 500 m
9	遥控潜水器/HPU 电源输入	230~440 VAC, 6 kW, 3 相
10	推进器	6 个电动, 4 个水平和 2 个垂直
11	推动力（可选）	1.5 kW, 2 100 m~0.7 LPM
12	操控	1 个 4 功能 Hydro-Lek（可选）
13	摄像头	1 个 F/Z 高清 1080 的摄像头, 1 个低亮黑白摄像机, 1 个实用的相机
14	声呐	Tritech 或 Mesotech
15	高度计	TritechPA500
16	灯光	4 个 130 W Argus LED 灯, 60 000 lm, 6 500 K
17	云台	ROS 24 VDC 或同等
18	深度传感器	SAIVTD303, 相当于 digiquartz
19	罗经	KVHC-100 磁通门、Argus 速率陀螺仪
20	自动功能	自动头、自动深度、自动海拔高度
21	测量传感器接口	3 个 RS-232, 可选以太网

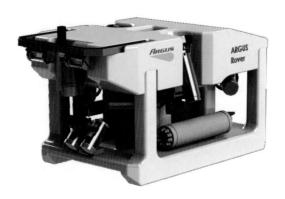

图 8-20　挪威 Argus 公司 Rover ROV 示意图

二十、挪威 Argus 公司 Worker XL ROV

挪威 Argus 公司 Worker XL ROV 是一款专为高电流操作而设计的强大的 ROV，配备船尾推进器系统，向前推动力达 1 290 kg，配备 5 级钛吊舱，钛连接器和 Argus 控制系统，额定工作深度为 3 000 m，最多可达 7 000 m（表 8-15，图 8-21）。该型号 ROV 配备 7 功能 Schilling Titan 4 机械手，以及 5 功能 Schilling Rigmaster 机械手，所有传感器和工具可以很容易地集成。

表 8-15 挪威 Argus 公司 Worker XL ROV 主要技术指标

序号	指标项	指标参数
1	尺寸（长×宽×高）	2.5 m×1.7 m×1.6 m
2	重量	3 200 kg
3	有效载荷	250 kg
4	框架	浮力覆盖玻璃纤维
5	吊舱	硬阳极氧化铝
6	浮力	Syntactic 泡沫
7	深度	3 000 m
8	通过框架升力	3 t
9	电源输入	440VAC，140 kW，3 相
10	推进器	8 个电动（4 个水平和 3 个垂直）、2 液压水平推进器
11	HPU 机械手	6 kW，$180×10^5$ Pa/9 lpm
12	HPU 工具	35 kW，$250×10^5$ Pa/80 lpm
13	操控	1 个 7 功能 Schilling Titan 4 机械手， 1 个 5 功能 Schilling Rigmaster 机械手
14	摄像头	1 个 F/Z 高清 1080 的摄像头，1 个低亮黑白摄像机，1 个相机
15	声呐	Mesotech MS1000 或 Tritech
16	高度计	Mesotech1007 或 Tritech
17	灯光	6 个 130W Argus LED 灯，90 000 lm，6 500 K
18	云台	2 个 24 VDC
19	深度传感器	SAIVTD303
20	罗经	KVHC-100 磁通门、Argus 速率陀螺仪

续表 8-15

序号	指标项	指标参数
21	自动功能	自动头、自动深度、自动海拔高度
22	液压出口	8 出口安装
23	传感器接口	3 个 RS-232，可选以太网和 MBE

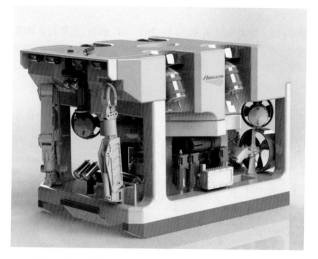

图 8-21　挪威 Argus 公司 Worker XL ROV 示意图

二十一、挪威 Argus 公司 Bathysaurus XL ROV

挪威 Argus 公司 Bathysaurus XL ROV 是一款中型作业级 ROV，配备 7 功能 Schilling Titan 4 机械手，以及 5 功能 Schilling Rigmaster 机械手，其工作深度达 7 000 m，可用于科学、军事和海洋等用途（表 8-16，图 8-22）。

表 8-16　挪威 Argus 公司 Bathysaurus XL ROV 主要技术指标

序号	指标项	指标参数
1	尺寸（长×宽×高）	2.5 m×1.6 m×1.6 m
2	重量	2 900 kg
3	有效载荷	200 kg
4	框架	浮力覆盖玻璃纤维
5	吊舱	钛

序号	指标项	指标参数
6	连接器	钛
7	浮力	Syntactic 泡沫
8	深度	6 000 m
9	框架提升力	1 t
10	电源输入	440 VAC, 75 kW, 3 相
11	推进器	8 个电动（4 个水平和 4 个垂直）
12	HPU 机械手	6 kW, $210×10^5$ Pa/9 lpm
13	HPU 工具	18 kW, $210×10^5$ Pa/40 lpm
14	操控	1 个 7 功能 Schilling Titan 4 机械手， 1 个 5 功能 Schilling Rigmaster 机械手
15	摄像头	1 个 F/Z 高清 1080 的摄像头，3 个低亮黑白摄像机， 2 个 Insite 的彩色相机
16	声呐	Mesotech MS1000
17	高度计	Mesotech1007
18	灯光	6 个 130 W Argus LED 灯, 90 000 lm, 6 500 K
19	云台	2 个 24 VDC
20	深度传感器	SAIVTD 303，相当于 digiquartz
21	罗经	KVHC-100 磁通门、速率陀螺仪、TOGS 寻北陀螺仪
22	自动功能	自动头、自动深度、自动海拔高度
23	液压出口	8 出口安装
24	传感器接口	9 个 RS-232，可选以太网和 MBE

图 8-22　挪威 Argus 公司 Bathysaurus XL ROV 示意图

二十二、挪威 Argus 公司 Mariner XL ROV

挪威 Argus 公司 Mariner XL ROV 是一套中型水下机器人，配备 Schilling Orion 或 Hydro-Lek 机械手，可用于 IMR、调查、着陆监控等范围广泛的任务（表 8-17，图 8-23）。

表 8-17　挪威 Argus 公司 Mariner XL ROV 主要技术指标

序号	指标项	指标参数
1	外形尺寸（长×宽×高）	2.1 m×1.5 m×1.4 m
2	重量	1 300 kg
3	有效载荷	150 kg
4	框架	铝 T6082
5	吊舱	阳极氧化铝
6	连接器	Subconn
7	浮力	Dyvinicel HCP70
8	深度	500 m（3 000 m 可选）
9	电源输入	380 VAC，50 kW，3 相
10	推进器	8 个电动（4 个水平和 4 个垂直）
11	HPU 机械手	5.5 kW，$210×10^5$ Pa/12 lpm
12	HPU 工具	5.5 kW，$210×10^5$ Pa/12 lpm
13	操控	1 个 4 功能 Schilling Orion 4R，1 个 7 功能 Schilling Orion 或 Hydro-Lek
14	摄像头	1 个对焦/变焦摄像机，可选高清摄像机 1080i，2 个 CCD 相机
15	声呐	1 个扫描声呐
16	高度计	1 个高度计
17	灯光	4 个 130 W Argus LED 灯
18	云台	2 个 24 VDC
19	深度传感器	4~20 mA
20	罗经	磁通门罗盘、Argus 速率陀螺仪
21	自动功能	自动头、自动深度、自动海拔高度
22	液压出口	7 出口安装
23	传感器接口	7 个 RS-232，可选以太网

图 8-23　挪威 Argus 公司 Mariner XL ROV 示意图

二十三、中国科学院沈阳自动化研究所 1 000 m 作业级 ROV

中国科学院沈阳自动化研究所 1 000 m 作业级 ROV 为一款 1 000 m 级作业型遥控潜水器，载体功率 100 HP，作业半径 200 m，具有较大的推进功率、较强的抗水流能力及有效载荷能力（表 8-18，图 8-24）。该型 ROV 应用范围广，作业能力强，具备多种作业功能，配备有七功能主从伺服液压机械手和五功能开关液压机械手及各种工具包，能够部分或全部代替潜水员完成诸多水下作业任务，并可在复杂地形下独立或配合其他设备进行水下观察、搜索、剪切、冲洗和打捞等作业任务。

表 8-18　中国科学院沈阳自动化研究所 1 000 m 作业级 ROV 主要技术指标

序号	指标项	指标参数
	作业环境及条件	
1	最大作业海况	4 级
2	最大作业水深	1 000 m
3	最大作业半径	200 m
4	最大作业海流	2 kn
	载体主要指标	
5	载体功率	100 HP（75 kW）
6	有效载荷	200 kg
	载体运动功能指标	
7	最大前进速度	3 kn

序号	指标项	指标参数
8	最大侧移速度	1.5 kn
9	航向闭环控制	±1°
10	定深闭环控制	±0.1 m
11	定高闭环控制	±0.1 m
作业工具主要性能指标		
12	七功能机械手	作业范围 1.9 m,持重能力 110 kg
13	五功能机械手	作业范围 1.3 m,持重能力 170 kg
14	夹持器	夹持直径 533 mm
15	钢缆剪切器	剪切直径 50 mm
16	缆绳释放器	缆绳长度 330 m
17	海水冲洗枪	出口压力 1 MPa

图 8-24 中国科学院沈阳自动化研究所 1 000 m 作业级 ROV 示意图

二十四、中国科学院沈阳自动化研究所"海潜Ⅱ"号 ROV

中国科学院沈阳自动化研究所"海潜Ⅱ"号 ROV 是一型轻作业型遥控潜水器,它配备有五、六功能机械手及作业工具包,不仅可以实现水下观察、搜索等工作,还可以完成清洗打磨、带缆挂钩、打捞水下沉物等任务(表 8-19,图

8-25）。由于该 ROV 备有动力、控制、设备接口，除了能够完成上述任务，还可根据需要配备各种传感器，从而完成海底管线跟踪、电位测量、钢板测厚等特殊任务，应用于搜寻打捞、海上石油平台检测等。

表 8-19 中国科学院沈阳自动化研究所"海潜Ⅱ"号 ROV 主要技术指标

序号	指标项	指标参数
作业环境和条件		
1	作业海况	4 级
2	作业水深	300 m
3	作业半径	120 m
4	作业海流	2 kn
基本参数		
5	系统有效功率	50 HP
6	载体主尺度（长×宽×高）	2 m×1 m×1 m
7	空气中重量	750 kg
8	有效载荷	70 kg
运动性能指标		
9	前进速度	3 kn
10	侧移速度	1.5 kn
11	航向闭环控制精度	±1°
12	深度闭环控制精度	±0.1 m
作业功能		
13	五功能机械手	全范围持重能力 50 kg
14	六功能机械手	全范围持重能力 27 kg

图8-25 中国科学院沈阳自动化研究所"海潜Ⅱ"号ROV示意图

二十五、天津深之蓝海洋设备科技公司"河豚"号ROV

天津深之蓝海洋设备科技公司"河豚"号ROV是一款结构小巧、设计精致的缆控水下观测机器人，水下平台仅重3 kg，设计操作潜深达120 m（表8-20，图8-26）。该ROV配有压力传感器、二维磁罗盘、彩色摄像机、高亮LED等，具有运动灵活，操作简便，并具有定深定向航行等功能，在管道检查、水下（河流、湖泊、海洋等）探索等方面具有较好的应用前景。

表8-20 天津深之蓝海洋设备科技公司"河豚"号ROV主要技术指标

序号	指标项	指标参数
1	载体尺寸	310 mm×210 mm×180 mm
2	空气中重量	3 kg
3	材料	铝合金+浮力材料
4	运动	二轴平动和二轴转动
5	前进速度	3 kn
6	最大工作深度	100 m
7	稳定性	固有低重心
8	有效载荷	<1 kg，可定制

图 8-26 天津深之蓝海洋设备科技公司"河豚"号 ROV 示意图

二十六、天津深之蓝海洋设备科技公司"江豚"号 ROV

天津深之蓝海洋设备科技公司"江豚"号 ROV 是一款可灵活配置搭载的小型水下机器人，配置有 4 个推力螺旋桨推进器，具有快速灵活运动、航向精准保持和位置悬停等功能特点，可根据客户要求完成后视/上视摄像头、机械手等设备以及声呐、水下定位等传感器的搭载（表 8-21，图 8-27）。目前，该型 ROV 定位的客户群体主要来自水产养殖、水下打捞、堤坝维护、港湾监视和舰艇维护等领域。

表 8-21 天津深之蓝海洋设备科技公司"江豚"号 ROV 主要技术指标

序号	指标项	指标参数
1	尺寸	标配 670 mm×195 mm×290 mm 带机械手 1 000 mm×400 mm×365 mm
2	重量	标配 17 kg，带机械手 27.6 kg
3	搭载能力	5 kg
4	前进速度	3 kn
5	最大作业深度	300 m
6	机械手	可选配置

图 8-27　天津深之蓝海洋设备科技公司"江豚"号 ROV 示意图

二十七、中船重工第七一〇研究所轻型观察级 ROV

中船重工第七一〇研究所轻型观察级 ROV 具有体积小、重量轻、操作灵活等特点，搭载有短视距、高分辨率图像声呐和水下电视等探测识别设备，可用于水下探测、观察与确认识别（表 8-22，图 8-28）。

表 8-22　中船重工第七一〇研究所轻型观察级 ROV 主要技术指标

序号	指标项	指标参数
1	重量	50 kg
2	长度	1 500 mm
3	工作水深	≤200 m
4	续航能力	≥15 min（5 kn）
5	最大工作距离	≥600 m
6	最大航速	5 kn
7	定位精度	20 m RMS（200 m 水深，600 m 斜距）

图 8-28　中船重工第七一〇研究所轻型观察级 ROV 示意图

二十八、中船重工第七一〇研究所轻型作业级 ROV

中船重工第七一〇研究所轻型作业级 ROV 是集精密机械、计算机、流体动力、信息处理、自动控制、水声信号处理、光纤通信、减震降噪、复合材料等技术于一体的高技术水下机器人，可昼夜执行水中、水底小目标识别，缆索、缆线割断等任务，在海底勘察、水下施工、水中试验及海洋救助等领域有很好的应用前景（表 8-23，图 8-29）。

表 8-23　中船重工第七一〇研究所轻型作业级 ROV 主要技术指标

序号	指标项	指标参数
1	尺寸（直径×长）	0.534 m×3.5 m
2	重量	360 kg
3	最大作业深度	150 m
4	最大水平航速	5 kn
5	抗流能力	2 kn
6	工作海况	不大于 3 级
7	续航力	无限
8	电视摄像机	观察识别距离不小于 0.6 倍的海水圆盘透明度

图 8-29　中船重工第七一〇研究所轻型作业级 ROV 示意图

二十九、中船重工第七一〇研究所猎手Ⅳ ROV

中船重工第七一〇研究所猎手Ⅳ ROV 主要用于失事船舶观测、救援绳索安装、救援物资（氧气瓶、逃生装备等）运输以及配合大型救援装备施救，以实现快速、高效救援，减少人员伤亡（表8-24，图8-30）。

表8-24 中船重工第七一〇研究所猎手Ⅳ ROV 主要技术指标

序号	指标项	指标参数
1	主尺寸（长×宽×高）	2.25 m×1.3 m×1.25 m
2	重量	1.4 t
3	最高航速	1.4 m/s（水平）
4	续航力	无限制
5	最大作业水深	1 000 m
6	最大工作距离	800 m
7	有效负荷	120 kg
8	适应海况	3级及以下
9	机械手	七功能和五功能水下机械手各1套

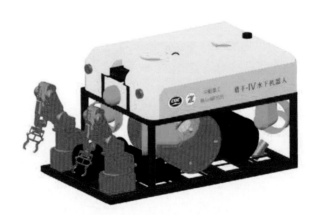

图8-30 中船重工第七一〇研究所猎手Ⅳ ROV 示意图

三十、上海交通大学"海马"号4 500 m ROV

上海交通大学"海马"号4 500 m ROV 是我国首套自主设计、开发的下潜最深、系统规模最大的无人遥控潜水器系统，国产化率达90%以上（表8-25，图8-31）。2014年在我国南海中央海盆完成4 502 m海试，被认为是我国深海高技术领域继"蛟龙"号之后又一标志性成果。目前，该型ROV已列装"海洋六号"调查船，并执行多次太平洋海底资源勘查任务。

表8-25　上海交通大学"海马"号4 500 m ROV主要技术指标

序号	指标项	指标参数
1	外形尺寸（长×宽×高）	3.5 m×1.8 m×2.0 m
2	空气中重量	4 396 kg（自重） 4 886 kg（带采样篮） 4 792 kg（带扩展缆底盘）
3	最大工作深度	4 500 m
4	最大功率	130 HP
5	最大作业海况	4级
6	负载能力	261 kg
7	最大前进速度	2.6 kn
8	最大后退速度	2.3 kn
9	最大侧移速度	1.6 kn
10	设备功能	具有水下搜索、观察、数据传输和记录能力，提供作业工具的接口
11	系柱拉力	889 kgf
12	定向航行精度	+/-4°
13	定深航行精度	+/-0.2 m
14	定高航行精度	+/-0.1 m
15	水下电器备用接口	12路
16	水下液压备用接口	8路

图 8-31　上海交通大学"海马"号 4 500 m ROV 示意图

三十一、上海交通大学"海龙"号 3 500 m JTR-41 ROV

上海交通大学"海龙"号 3 500 m JTR-41 ROV 是世界上首次安装具有我国自主知识产权的虚拟监控和动力定位系统，其性能达到国际领先水平（表 8-26，图 8-32）。2008 年在我国南海完成 3 278 m 深海试验，这是世界上少数几个国家能做到的。主要用于大洋海底调查活动，包括海底热液矿物取样、大洋深海生物基因和极端微生物的研究以及探索人类起源的秘密等，同样也应用于海洋石油工程服务，水下管道、电缆检测维修，以及海上救助打捞等各种水下任务。

表 8-26　上海交通大学"海龙"号 3 500 m JTR-41 ROV 主要技术指标

序号	指标项	指标参数
1	潜器主体尺度（长×宽×高）	3 170 mm×1 810 mm×2 240 mm
2	最大工作深度	3 500 m
3	有效载荷	250 kg
4	潜器功率	100 SHP
5	航行能力	3.3 kn
6	设备功能	机械手：五功能机械手，七功能主从式机械手 摄像：5 个摄像机，HID 灯 声呐：图像声呐 用途：水下取样、作业

图 8-32　上海交通大学"海龙"号 3 500 m JTR-41 ROV 示意图

三十二、上海交通大学 Max 电动作业型 ROV

上海交通大学 Max 电动作业型 ROV 是一款新型的大功率电驱动作业型水下机器人（表 8-27，图 8-33）。该 ROV 标准件化的配置和自身的特点，使其能够从事近海钻井支持、水下管线检查、扫雷测绘、水下搜索和打捞、科学研究、水下摄影和摄像、长距离隧道检验等多类水下任务的作业。

表 8-27　上海交通大学 Max 电动作业型 ROV 主要技术指标

序号	指标项	指标参数
1	尺寸	长 2.23 m，高 1.21 m，宽 0.90 m
2	重量	795 kg 不含液压机械手和阀箱
3	深度	1 000 m
4	功率	50 HP
5	推进器	6 台大功率直流无刷电机
6	速度	首向 2.5~3.0 kn，横向 1.0 kn，垂向 1.6 kn
7	旋转速度	0°~25°/s
8	云台	水平±120°，纵向±45°
9	摄像机	1 台广角彩色电视摄像机（标准），彩色变焦电视摄像机，普通彩色电视摄像机（选择），SIT 摄像机（选择），静物相机带闪光灯（选择），最多可同时配置 4 台摄像机
10	照明	4 盏 150 W 水下照明灯，最多 6 盏

序号	指标项	指标参数
11	首向传感	磁通门罗盘，精细压电陶瓷首向传感，可自动首向
12	深度传感器	0~2 000 psi 传感器，可自动定深
13	高度传感器	一个 Tritech 400~600 kHz 高度计，可自动定高
14	机械手	2 只带切割功能的 6 功能机械手，独立式液压阀箱
15	声呐	一套 SeaKing 双频扫描声呐，一套 Trackpoint II plus 定位/跟踪声呐（可选）
16	控制房部分	一个 20′标准集装箱控制房
17	吊放系统	A 型起吊架，钢缆起吊液压绞车，提力 4 000 lbs，主液压绞车盘 650 m 潜器脐带（可选）
18	电源要求	380 或 440 VAC，3 相，30 KVA

图 8-33　上海交通大学 Max 电动作业型 ROV 示意图

三十三、博雅工道机器人科技有限公司 ROBO ROV

　　博雅工道机器人科技有限公司 ROBO ROV 是一种能够长时间工作的水下机器人平台，采用了 6 个大功率矢量分布式无刷电机驱动螺旋桨，能够实现 360°运动，有线操控，最大下潜深度 300 m，通过压力传感器阵列，实时感知环境信息与自动避障（表 8-28，图 8-34）。该型 ROV 可用于水下搜索、测绘、铺设管道或安装海底设备等作业，具有指定方向和深度的巡航等多种智能运动功能。

表 8-28　博雅工道机器人科技有限公司 ROBO ROV 主要技术指标

序号	指标项	指标参数
1	主体尺度	655 mm×480 mm×429 mm
2	最大工作深度	300 m
3	有效载荷	45 kg
4	航行速度	3 kn
5	传感器	9轴姿态传感器、深度计、电子罗盘、温度传感器

图 8-34　博雅工道机器人科技有限公司 ROBO ROV 示意图

第五节　主要搭载设备

ROV 的搭载设备主要基于分类进行配置，其中观察级 ROV 的核心部件是水下推进器和水下摄像系统，有时辅以导航、深度、环境传感器等常规传感器；作业级 ROV 的核心部件是水下机械手、液压切割器等作业工具，辅以推进器、水下摄像系统、导航等常规传感器。

第六节　主要应用领域

ROV 作为当前技术最成熟、使用最广泛、最经济实用的一类无人水下航行器，在民用和军用方面都有着广泛的应用。其中，在民用方面，主要集中在海洋救助与打捞、海洋石油开采、水下工程施工、海洋科学研究、海底矿藏勘探、远洋作业等领域，具有水下机动精细化观测的优势；在军用方面，主要集中在

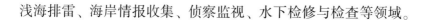

浅海排雷、海岸情报收集、侦察监视、水下检修与检查等领域。

第七节　应用局限性

ROV 系统没有电池舱，重量和体积要小于同级别的 AUV，技术要求和成本也相对较低。但其活动范围受到脐带电缆的制约，特别是脐带缆受内波或水平剪切流影响，在复杂水下环境中易造成断缆、缠绕事故，导致其对应用环境条件要求较高。此外，ROV 的使用十分依赖经验丰富的操作人员，但目前专业从事 ROV 操作的技术人员数量少、培养难度大、培训费用高，制约了 ROV 的广泛推广和有效使用。

第八节　应用评述

ROV 主要承担着水下观察和作业任务，较少承担传统海洋环境观测任务，从广义角度而言可认为 ROV 属于海洋立体观测网中的一员，未来的发展应用还是以观察和作业为主。此外，ROV 将承担越来越多的海洋立体观测网水下基阵的组建和检修任务，特别是水下检测维修、模块更换和特种作业等。

第九章　自主遥控潜水器

第一节　概述

自主遥控潜水器（Autonomous Remotely Vehicle，ARV）是综合了 ROV 和 AUV 优点而发展起来的一种新型混合式潜水器。它具有开放式、模块化、可重构的体系结构和多种控制方式，自带能源并携带光纤微缆，可在深海环境下，实现自主、遥控、半自主等不同作业模式的区域搜索、定点观测以及水下轻作业，是一种理想的海洋探测和作业平台。ARV 的出现使潜水器向潜深更深、航行更远和更具智能化的方向发展。

ARV 主要由本体、动力系统、电源系统、观导系统、作业系统和光纤微缆传输系统组成。其中，本体主要由结构框架和浮力材料组成，框架一般选用高强度铝合金制造，表面经耐腐蚀处理；动力系统主要包括推进器、压载水箱及上浮下潜可弃压载；作业系统包括各种取样设备和机械手；光纤微缆传输系统一般由光端机、光纤水密接插件、微细光缆和收放装置组成。ARV 的主要能源供给由电源系统承担，常用的有铅酸电池、镍镉电池、锌银电池、锂离子电池以及新兴的燃料电池等；导航定位功能由惯导系统承担，主要包括水下照明灯、水下摄像机、罗经和各种声呐设备。

第二节　国内外现状与发展趋势

ARV 是近十几年发展起来的一种新型混合式水下机器人，美、日、英、法等海洋强国先后研制成功。2011 年，美国国际海洋工程公司联合波音公司和辉固公司共同研发完成混合式水下机器人 Taser，该水下机器人可根据应用环境和水下设备复杂程度选择使用 AUV 或 ROV 操作模式。2009 年，美国伍兹霍尔海洋研究所研制的"海神"号混合动力潜水器成功下潜至马里亚纳海沟 10 902 m 深处，完成了对马里亚纳海沟的探索和挑战；2014 年，"海神"号在探索新西兰的克马德海沟时在水下 9 990 m 处失踪；此外，在"海神"号研发基础上，伍兹霍尔海洋研究所开始研制针对极地海冰调查的新混合型水下机器人 Nereid UI，该水下机器人最大工作水深 2 000 m，携带 20 km 的光纤微缆，并搭载多种生物、化学传感器，可进行大范围的冰下观测和取样等作业。

日本海洋科学与技术中心研发了混合式水下机器人 MR-X1，其最大工作深度为 4 200 m，具有自治、遥控、无线 3 种工作模式，主要用于海洋精确观察和在海底安装观察设备。法国 Cybernetix 公司研制的混合式水下机器人 Swimmer，采用 AUV 携带 ROV 的方式航行到预定的地点，与水下系统对接；法国 IFREMER 海洋研究所研制的混合式水下机器人"阿利亚娜"号 HROV，主要用于沿海冷水珊瑚礁、海底峡谷、海山、悬崖等特殊地形的勘查和生物多样性观测，其最大下潜深度为 2 011 m。

国内 ARV 的研制大多处于开发研究阶段，中国科学院沈阳自动化研究所、中船重工第七〇二研究所、上海交通大学等单位相继开展了相关工作，但目前投入应用的系统有限。其中，2003 年中国科学院沈阳自动化研究所在国内率先提出自主遥控水下机器人概念；2005 年至今，先后研制成功 4 型装备并完成了湖试、海试和应用工作，其中"北极"号 ARV 在 2008 年至 2014 年间，分别参加了中国第三次、第四次和第六次北极科考；从 2014 年起，开展了全海深 ARV 关键技术研究，建立了 11 000 m 全海深 ARV 关键技术验证平台，2015 年完成了全海深 ARV 验证平台浅海试验及 3 000 m 级深海试验；2016 年，由中国科学院沈阳自动化研究所研制的"海斗"号 ARV 在马里亚纳海沟成功完成了多次大于 10 000 m 的下潜，成为中国首台突破 10 000 m 下潜深度的水下机器人和潜水器。此外，上海交通大学主持研发的全海深无人 11 000 m 深海潜水器也已经完成研发。

第三节　主要分类

ARV 是近十几年发展起来的一种新型混合式水下机器人，目前尚未有明确的分类标准和分类方式。

第四节　主流产品

一、美国伍兹霍尔海洋研究所"海神"号 ARV

美国伍兹霍尔海洋研究所"海神"号是最具代表性的 ARV，自带能源，既可以采用 AUV 模式进行自主海底调查，也可通过光纤微缆与水面支持母船建立实时通信连接，以遥控模式完成取样和轻作业（表9-1，图9-1）。"海神"号配备有独立的取样和作业单元，在现场短时间进行换装，由 AUV 模式换装成 ROV 模式，也就是说，"海神"号下水前需确定其工作模式。在"海神"号多次下潜过程中，主要以 ROV 作业为主。2009 年，"海神"号成功下潜至马里亚纳海沟 10 902 m 深处，完成了对马里亚纳海沟的探索和挑战；2014 年，"海神"号在探索新西兰的克马德海沟 9 990 m 处失踪。

表 9-1　美国伍兹霍尔海洋研究所"海神"号 ARV 主要技术指标

序号	指标项	指标参数
1	最大工作水深	11 000 m
2	空气中重量	2 800 kg
3	最大速度	3 kn
4	负载能力	25 kg
5	能源	二次锂离子电池
6	推进器	2 水平/2 垂直/1 侧向（ROV 模式）， 2 水平/1 垂直（AUV 模式）
7	传感器	照相机、CTD、侧扫声呐、前视声呐、浅地层剖面仪、磁力计
8	作业工具	七功能机械手

图 9-1　美国伍兹霍尔海洋研究所"海神"号 ARV 示意图

二、美国伍兹霍尔海洋研究所 Nereid UI ARV

在"海神"号研发基础上，从 2011 年起，伍兹霍尔海洋研究所开始研制针

对极地海冰调查的新混合型水下机器人 Nereid UI，该水下机器人最大工作水深
2 000 m，携带 20 km 的光纤微缆，并搭载多种生物、化学传感器，可进行大范
围的冰下观测和取样等作业（表 9-2，图 9-2）。

表 9-2　美国伍兹霍尔海洋研究所 Nereid UI ARV 主要技术指标

序号	指标项	指标参数
1	最大工作水深	2 000 m
2	空气中重量	1 800~2 000 kg
3	最大速度	1.3 m/s
4	能源	18 kWh 锂离子电池
5	导航	导航：GPS、IXSea Phins INS、备用磁罗经 测深：Paroscific 纳米分辨率压力传感器，SBE 49 FastCAT 备用 声学：300 kHz ADCP/DVL、Blueview P900 避障声呐
6	通信	20 km 光纤、声学（低频 3.5 kHz，高频 10 kHz）
7	图像	DeltaT 多波束声呐，实时彩色视频 HD-SDI、LED 照明灯
8	作业工具	七功能机械手
9	传感器	Seabird FastCAT-49 pumped CTD、WetLabs 荧光计/后向散射荧光计

图 9-2　美国伍兹霍尔海洋研究所 Nereid UI ARV 示意图

三、日本海洋科学与技术中心 MR-X1 ARV

日本海洋科学与技术中心 MR-X1 ARV 主要解决在北冰洋船只很难进行测量
的问题，实现在北冰洋进行海洋观测（表 9-3，图 9-3）。该 ARV 最大工作深度

为 4 000 m，具有自治、遥控、无线三种工作模式，主要用于海洋精确观察和在海底安装观察设备等轻作业。

表 9-3　日本海洋科学与技术中心 MR-X1 ARV 主要技术指标

序号	指标项	指标参数
1	最大工作水深	4 000 m
2	空气中重量	800~900 kg
3	尺寸	2.5 m×0.8 m×1.2 m
4	导航	INS DVL depth meter altimeter
5	传感器	侧扫声呐、TV camera
6	作业模式	UROV / AUV

图 9-3　日本海洋科学与技术中心 MR-X1 ARV 示意图

四、法国 Cybernetix 公司 Swimmer ARV

法国 Cybernetix 公司 Swimmer ARV 是一款新型混合式水下机器人，采用 AUV 携带 ROV 的方式航行到预定的地点，与水下系统对接，主要用于水下油田生产，普通船只即可实现部署操作（不需要动力定位系统）（表 9-4，图 9-4）。

表 9-4　法国 Cybernetix 公司 Swimmer ARV 主要技术指标

序号	指标项	指标参数
1	最大工作水深	3 000 m

续表 9-4

序号	指标项	指标参数
2	空气中重量	4 785 kg
3	最大速度	1.5 kn
4	尺寸	6.1 m×2.46 m×2.45 m
5	能源	50 kWh
6	作业距离	10 km
7	推进器	2 个纵向/1 个横向/1 个垂直
8	负载 AUV	尺寸: 2.63 m×1.85 m×1.72 m 重量: 2 000 kg

图 9-4 法国 Cybernetix 公司 Swimmer ARV 示意图

五、法国 IFREMER 海洋研究所 Ariane HROV

法国 IFREMER 海洋研究所 Ariane ("阿利亚娜"号) HROV 是一型主要用于沿海冷水珊瑚礁、海底峡谷、海山、悬崖等特殊地形的勘查和生物多样性观测的水下机器人 (图 9-5)。"阿利亚娜"号重 1 800 kg,最大下潜深度为 2 500 m,搭载有高清摄像机、照相机、水声通信机和两个机械手;具有缆控和自主两种操作模式,可通过普通船舶布放和回收,当其以遥控模式运行时,通过光纤与母船连接,实现数据实时传输,以自主模式运行时,通过水声通信将采集到的数据传输至水面。2015 年,"阿利亚娜"号进行深海试验,最大下潜深度为 2 011 m。

图9-5　法国IFREMER海洋研究所Ariane HROV示意图

六、中船重工第七〇二研究所"海笋"号ARV

中船重工第七〇二研究所研制的小型"海笋"号ARV样机，以微细光缆（微细光缆直径为3 mm，拉断力达到200 kg）为传输介质进行宽带宽、低损耗、长距离及高速率的信息传输，可通过微细光缆操控ARV对水下目标进行近距离的精细观察、拍摄和取样（图9-6）。在此基础上，又研制完成"海笋Ⅱ"型ARV，该ARV最大工作深度为300 m，最大航速为3 kn，工作时间为6 h，续航里程达10 km。

图9-6　中船重工第七〇二研究所"海笋"号ARV示意图

七、中国科学院沈阳自动化研究所"海斗"号ARV

中国科学院沈阳自动化研究所"海斗"号ARV采用特种微细光缆与母船进行实时双向信息交互，整个布放系统配置有2个线团，1个安装在"海斗"号上，1个安装在母船，光缆长度超过38 km，采用轴向内放线方式，从线团内腔抽出，并随"海斗"号机动航行时布放（图9-7）。其中，线团由微细光缆分层双向紧密缠绕而成，采用特殊成型工艺，严格控制线团内应力和布放张力，以提高航行过程中微细光缆的布放可靠性。

2015年，"海斗"号完成了浅海试验及3 000 m级深海试验，其最大下潜深度为2 784 m，工作时间74 min。2017年，"海斗"号完成了深海遥控和视频影像传输试验，工作时间接近10 h，通过微细光缆实现万米海底的巡航遥控和实时视频影像传输。

图9-7　中国科学院沈阳自动化研究所"海斗"号ARV示意图

第五节　主要搭载设备

ARV作为新型混合型潜水器，主要用于海洋观测与水下轻型作业，可以搭载各类水下探测和作业设备，例如：水下摄像机、照相机、前视声呐、侧扫声呐、浅地层剖面仪、多波束测深仪、CTD、磁力计、荧光计等观测设备，轻型作业设备一般为多功能机械手或探针。

第六节　主要应用领域

ARV是ROV和AUV技术的组合运用，可采用自主模式（AUV模式）或遥控模式（ROV模式），用微细光缆代替传统电缆，既有AUV大面积水下探测和搜索的功能，又可以通过微细光缆像ROV一样进行手动实时遥控作业。ARV代表了深海无人潜水器的一个重要发展方向，可用于海洋工程、深海探测、极地冰下观测和取样以及海底烟囱、峡谷、海山、悬崖等特殊地形的勘查和生物多样性观测等领域。

第七节　应用局限性

ARV 是集 ROV 和 AUV 优点的混合体，但也有二者的缺点。首先，虽然 ARV 较 ROV 大幅度扩展了作业范围，但还是较为有限，最长光缆达 40 km。其次，能源供给主要依靠自带电池，续航力受到一定限制，一般在水下最长工作时间约 10 h，不能满足水下长时间海底监测的需求。

第八节　应用评述

目前，ARV 主要应用于水深 6 500 m 以浅深海（渊）环境获取相关观测数据，能够实现自主/半自主/遥控模式下的高效作业，以及获取相关观测数据，是一种有效的手段，是一类较为特殊的观测方式。但因性价比等原因，ARV 仅是海洋立体观测网中的补充手段。未来，ARV 将更多地针对具体需求承担具体观测任务，发挥好其特种观测作用。

第十章　总结与展望

第一节　总结

一、海洋无人观测装备国外发展与应用现状

海洋无人观测装备国外发展与应用起步较早，美、日、欧等国和地区的海洋无人观测装备（平台、载荷）以及其应用等一直走在了世界各国的前列，引领世界海洋无人观测装备的发展。

（1）美国在海洋无人观测平台、载荷及应用方面处于领先地位。

美国凭借其雄厚的海洋科技创新能力，创新性地提出并成功研发了波浪滑翔机、水下滑翔机、AUV、ARV 等海洋无人观测平台，以及 ADCP、多波束测深仪、合成孔径声呐等无人平台观测载荷。其中，波浪滑翔机在全世界目前仅有美国实现了商业化生产。此外，美国 Seabird 公司 CTD、美国 TRDI 公司 ADCP、美国 Webb 研究公司 Argo 浮标等装备在全世界市场占有率超过 50%。

与此同时，美国积极开展海洋无人观测装备应用探索。早在 20 世纪 80 年代，就牵头开展了热带海洋与全球大气计划、世界大洋环流实验、国际 Argo 计划等系列国际海洋研究计划。进入 21 世纪后，美国更为积极地探索新型海洋无人观测装备的应用。例如，2000 年 7 月，美国在 LEO-15 海洋生态环境观测站通过布放一个搭载 CTD 载荷的水下滑翔机，进行了 10 天的观探测；2003 年，美国海军在军事演习过程中，使用水下滑翔机收集演习海域的环境数据、探测水雷和监视敌方舰艇活动等；2016 年，美国在完成建设的 OOI-RSN 海底观测网中，部署了多台水下滑翔机和 AUV，作为固定水下观测阵列的扩展。

（2）欧洲在海洋无人观测平台、载荷及应用方面特点鲜明。

瑞典、挪威在 AUV、ROV、ADCP、多波束测深仪等方面较为突出，成功研发出 AUV 62 等多款著名海洋无人观测装备。英国则在多波束测深仪、侧扫声呐、浅地层剖面仪等装备方面技术领先，实力雄厚。法国主要在水下滑翔机、Argo 浮标、ARV 等装备方面技术突出。加拿大在合成孔径声呐、海洋磁力仪等

装备方面表现突出。

在海洋无人观测装备应用方面，法国、德国等走在了前列。法国作为国际Argo浮标的数据中心，开展了大量Argo浮标的应用工作。英国、法国、德国、意大利、西班牙等国，在2005—2014年期间，陆续组织大约300台次水下滑翔机形成欧洲水下滑翔机观测网，执行各种海洋观探测任务，启动水下滑翔机海洋观测与管理研究，并开发完成水下滑翔机数据处理方法。

（3）以色列和日本分别在USV和水下深潜器技术方面世界领先。

以色列是USV研发大国和强国，该国的拉斐尔、航空反骨、埃尔比特公司都推出了世界先进水平的USV，如著名的"Protector"号USV。日本则是水下深潜器研发强国，从最早的"深海6500"号到目前仍是世界上唯一能下潜到11 000 m的"海沟"号，无不是代表了世界深水潜器的先进水平。

二、海洋无人观测装备国内发展与应用现状

进入21世纪后，我国海洋科学技术获得快速发展，海洋无人观测技术同步飞速发展，取得了较大成绩。

在海洋无人观测平台研制方面，已基本掌握主要海洋无人观测平台研制技术，实现了USV、表面漂流浮标、波浪滑翔机、水下滑翔机、Argo浮标、AUV、ROV的商业化生产，其中USV、AUV等个别海洋无人观测装备达到国际先进水平。此外，ARV工程样机、深海Argo浮标和基于北斗系统的表面漂流浮标等也相继研制成功。

在海洋无人观测载荷研制方面，开发了多波束测深仪、海洋磁力仪、多谱勒测流仪等产品，但没得到普遍应用。国内海洋无人观测载荷大多依靠进口，并通过集成搭载于海洋无人观测平台上。

在海洋无人观测装备业务化应用方面，表面漂流浮标和Argo浮标应用比较成熟，实现业务化运作。2002年我国正式加入国际Argo计划，已累计布放了400余个Argo浮标，目前约80个处于活跃状态。此外，表面漂流浮标常年在中远海和大洋保持数十个。其他无人观测装备的应用尚处于探索阶段，例如，2016年国家海洋局南海调查中心使用USV获取了南海岛礁周边4个区块、合计70 km的水深数据；2019年青岛海洋科学与技术试点国家实验室组织50多台套水下、水面海洋无人观测平台，包括USV、波浪能滑翔机、水下滑翔机、AUV、Argo浮标等，组成了面向海洋中尺度涡的立体综合观探测网，覆盖了大气-海水界面至4 200 m水深范围的$40×10^4$ km^{2}海区，首次为海洋中尺度涡研究提供了海洋动力、生物、化学、声学、气象等多学科综合数据，在国内首次实现了无人

平台多机协作、多型无人平台立体组网观测。

三、我国海洋无人观测装备发展主要差距与问题

经过近10年的大力发展下，我国海洋无人观测能力取得了长足进步，大幅度缩小了与国外的差距。但是，还存在原创性不足、低端重复建设、高端无人问津、可靠性不高、产业化不足、市场占有率低等问题。其中，在海洋无人观测平台研制方面，我国的平台种类、基本性能与国外总体水平差距不大；在海洋无人观测载荷方面，受我国海洋传感器整体水平落后的制约，与国外仍有一定的差距；在海洋无人观测装备业务化应用方面，个别装备实现了业务化应用，大部分还处在探索应用阶段。这些差距具体表现在以下3个方面。

一是缺乏原创性的海洋无人观测装备。由于我国海洋仪器设备研发起步晚，发展落后，并采用跟随、仿制的发展模式，形成了依赖性，难以提出原创性、颠覆性的海洋无人观探测概念和观探测方法，缺乏原创性的海洋无人观测装备。

二是国产海洋无人观测装备产业化不足。国内的海洋无人观测装备大多是在国家科研经费支持下研制出工程样机，未经过充分试验以及市场检验，加之国内市场又长期被进口产品占据，关键还是在成果转化和产品应用方面存在严重不足，使国产海洋无人观测装备试验应用不够，产业化发展之路任重而道远。

三是缺少世界领先的海洋仪器设备制造企业。我国海洋仪器设备发展起步晚，海洋仪器设备制造企业技术、工艺等落后，国产海洋仪器设备粗大笨重、可靠性差不高，无法满足市场对海洋仪器设备小型化、低功耗、质量轻、耐高压、全水深的需求，加之进口产品占据我国主要市场，严重制约国产海洋仪器市场化发展。

第二节　展望

进入21世纪以来，我国海洋观测技术发展迅速，海洋无人观测装备研制取得飞速发展，已经具备主流海洋无人观测装备的研制能力，应充分发挥海洋无人观测装备的机动、灵活的特点，开展大尺度、中尺度和次中尺度观测，实现对目标海域突发事件的迅速响应和精细化高密度观测，为迎接即将到来的海洋无人观测时代打下坚实的基础。

当前，随着大数据、物联网、人工智能、无人观测技术和新能源、新材料的快速发展，海洋无人自主观测装备正朝着综合技术、体系化方向发展，呈现出以下5个方面的发展趋势。

一是向智能化方向发展。在控制与信息处理系统中，将逐渐提高图像识别、人工智能、信息处理、精密导航定位等技术，向智能化、精准化方向发展。二是向混合式方向发展。未来出现的不单纯是标准的 AUV、ROV 和搭载 CTD、ADCP 等单一载荷，将会是于一身的混合的等合体无人自主观测装备。三是向低功耗方向发展。水下无人观测平台体积有限，限制了所能携带的电池，加之水下环境复杂，难以更换电池，因此降低功耗、载荷小型化将对水下无人观测装备具有重要意义。四是向多海洋无人观测装备系统发展。随着海洋无人自主观测装备应用的增多和科考任务的细化和深入，将会出现多个或多类装备的系统作业，共同完成复杂的观探测任务。五是向远航程、深海型方向发展。随着探查范围的逐渐扩大，要求海洋无人自主观测装备可进行远程作业。

总体而言，海洋无人观测是海洋技术发展与社会进步的必然趋势，是我国海洋强国建设的重要内容，是未来海洋科技竞争的核心内容。未来，海洋无人观测装备将依托海洋立体观测网中的固定观测装备进行充电和信息交互，实现海洋立体观测范围的跨域拓展，并利用固定观测装备或水面无人观测进行导航定位。加之人工智能在海底观测、数据处理等方面的深入应用，将实现不同海洋无人观测装备间的自动组网与自主观测，实现海量观测数据的实时连续处理、分发与展示，实现重要海洋现象的持续自主跟踪观测与海洋要素的智能化预报。

参考文献

Andrew D. Bowen，Dana R. Yoerger，Chris Taylor，等．2014．潜深 11 000 m 的全海深海神号混合深潜器［J］．海洋地质，（1）：54-67．

陈宗恒，盛堰，胡波．2014．ROV 在海洋科学科考中的发展现状及应用［J］．科技创新与应用，（21）：3-4．

程斐，陈建平，张良．2002．日本海洋科学技术中心技术发展现状［J］．海洋工程，（1）：100-104．

冯正平．2005．国外自治水下机器人发展现状综述［J］．鱼雷技术，（1）：11-15．

胡庆玉，舒国平，冯朝．2018．深海 AUV 发展趋势研究［J］．数字海洋与水下攻防，1（1）：81-84．

霍树梅．2000．国外智能型次表层漂流浮标技术的发展及应用［J］．海洋技术，Z1：73-77．

李家良．2012．水面无人艇发展与应用［J］．火力与指挥控制，（6）：205-209．

李文彬，张少永，商红梅，等．2011．基于新一代 ARGOS 卫星系统的表面漂流浮标设计［J］．海洋技术，30（1）：1-4．

李一平，李硕，张艾群．2016．自主/遥控水下机器人研究现状［J］．工程研究——跨学科视野中的工程，8（2）：217-222．

连琏，魏照宇，陶军，等．2018．无人遥控潜水器发展现状与展望［J］．海洋工程装备与技术，5（4）：5-13．

廖煜雷，李晔，刘涛，等．2016．波浪滑翔机技术的回顾与展望［J］．哈尔滨工程大学学报，37（9）：1 227-1 236．

刘晓阳，杨润贤，高宁．2018．水下机器人发展现状与发展趋势探究［J］．科技创新与生产力，293（6）：27-28．

马伟锋，胡震．2008．AUV 的研究现状与发展趋势［J］．火力与指挥控制，33（6）：10-13．

彭艳，葛磊，李小毛，等．2019．无人水面艇研究现状与发展趋势［J］．上海大学学报（自然科学版），25（5）．

沈新蕊，王延辉，杨绍琼，等．2018．水下滑翔机技术发展现状与展望［J］．水下无人系统学报，26（2）：89-106．

王舟，钱昌安，梁明泽，等．2018．无人水面艇发展趋势及关键技术［J］．飞航导弹，407（11）：19-23．

温浩然，魏纳新，刘飞．2015．水下滑翔机的研究现状与面临的挑战［J］．船舶工程，（1）：1-6．

吴依林．1990．漂流浮标的技术状况与发展［J］．海洋技术，（1）：82-90．

徐春莺，陈家旺，郑炳焕．2014．波浪驱动的水面波力滑翔机研究现状及应用［J］．海洋技术学报，33（2）：111-117.

许劲松.2019.海洋监测用无人平台［J］.船舶工程，41（1）：5-8.

许竞克，王佑君，侯宝科，等.2011. ROV 的研发现状及发展趋势［J］.四川兵工学报，32（4）：71-74.

杨文韬.2014.世界无人水面艇发展综述［J］.现代军事，（10）：58-60.

余立中，山广林.1997.表层漂流浮标及其跟踪技术［J］.海洋技术，16（2）：1-11.

朱鹏飞.2017.国外水下滑翔机技术现状及应用［J］.现代军事，（4）：60-64.

邹念洋.2017.波浪滑翔器研究和应用的现状及发展前景［J］.中外船舶科技，（4）：13-21.